職場裡為什麼不能有話直說？

Klartext
Sagen, was Sache ist.
Machen, was weiterbringt.

清晰表達的五個原則

多明尼克・穆特勒 **Dominic Multerer** 著
李瑋 譯

當所有人意見一致的時候，那大多是個謊言。

目錄

Contents

把事情說明白，就能大步前行。這不是理所當然的嗎？

——多明尼克．穆特勒

序言

讓清晰明確成為企業戰略

你們都傻了嗎？——抱歉，但當有人突然對我說「能否談談什麼是清晰明確」的時候，我就是這麼想的。我四處遊歷，為那些西裝革履的菁英人士演講，並不斷地得到對於「清晰明確」這個詞更加準確的回饋。

對我來說，清晰明確就是簡單的有一說一。當我形成一個觀點並擁有自己的立場時，透過論述的方式來得到他人贊同。更準確地說，是使我的想法被他人所理解。

如果不這樣，開口說話就沒有了意義。如果有人不同意我的觀點——好的，問題出現了——我再重新開始思考。在我的，以及相反的觀點中進行判斷，要不就保留想法，要不就改變想法。對我而言，這是很稀鬆平常的事。

二十一歲的時候我出版了自己的第一本書《如何清晰

明確地寫作》。是的，仍舊是這個話題。我花了很多時間去仔細地研究探聽、分析狀況，想知道：為什麼有話直說不是理所當然的？現在我明白了：在很多企業中，人們刻意模糊自己的立場，甚至將真實想法隱藏起來。他們喜歡透過各種辦法探聽別人說了什麼，然後再見風使舵。想在這種企業中聽到清晰明確的意見，比登天還難。

清晰明確的溝通，對企業日常業務的作用顯而易見。舉個例子，某位在德甲聯賽球隊工作的先生打電話給我，說他兩年前還在其他公司任職的時候聽過一次我的演講，現在很想邀請我再做一次。我說明了什麼時間可以、以及費用是多少。他說，好的，儘管酬金數目並不容易搞定，但他會盡可能說服贊助商，並且三個星期內給我答覆。這就是清晰明確，我一開始就表明了態度，這位先生也不必在接下來的事情上繞圈子。

挺棒的吧，如果事情都可以這樣的話。不過很遺憾，這是非典型性的。大多數情況下，事情就如同下面的這個故事：

一家IT公司的負責人打電話給我，說想要重新調整其品牌形象並需要意見，到目前為止，一切都還沒有具體的框架。沒關係，我開車過去找他，坐下來討論一切事宜，也包括期限問題。之後我將一份最初的概念草圖及說明透過電子郵件發了過去。接下來卻是如深夜般的沉寂。第一次跟進是十四天後，我問他：「有什麼問題嗎？」「不，一切都很好。你會收到我們的答覆。」第二次跟進是六周以後：「好的，你的電話我們已經收到了，下周回覆你。」「啊哈，我們還需要時間。」「是這樣的，負責人病了。」「嗯，我明白了。」第三次、第四次、第五次跟進，每次之間總保持著四到六周的間隔。每次都沒有明確的同意或反對。你猜半年以後我聽到了什麼消息？「那個，事實上，我們現階段對這個專案還沒有預算。但我們確實有非常大的興趣在將來與你合作。我們會和你保持聯繫……」

幸好我的襯衣還算寬鬆，不然這口氣憋在胸口，一定會炸裂開來。構思，溝通，然後長達數月的等待確認，這些是完成一份任務的先決條件嗎？如果在我提出構思之後能聽到「我們很抱歉，預計可能會出現如下狀況……」，那就完全沒有問題，我會接受這個狀態並且不會如此緊張。但繞圈子的表達方式則會把我逼瘋。平靜下來之後我才發現，其實我已經經歷過太多次這樣的狀況了。在業務圈子裡打聽了一下，每個人，注意，是每個人都回答說：「沒錯！就是這樣！」於是我認識到這是個問題了。

最終我決定：我的下一本書要寫「如何清晰明確地表達」。出版這本書是有感而發，我想讓大家思考的是，「清晰明確」這個題目意味著什麼？對企業而言，「清晰明確」與「避重就輕」各自會產生什麼影響。我講述的是責任和義務，是外部與內部的交流溝通。但請注意：我並不是人際關係培訓師，這也不是本人際關係訓練書。

我寫這本書的用意是，要將以明確、誠實、勇氣、責任和同理心為原則的清晰表達作為企業戰略。

只有在開誠布公的企業文化中，人們才能做到清晰表達。在一個企業中，當人們一致認可開誠布公的原則時，才可以引發不間斷的思考與交流。如果經營者能夠從企業全域層面思考和交流自己的需求，他才能對企業發展一直保持警覺性與批判性。

與此相反，如果經營者沉醉於自說自話，那麼這個企業將是危險的。大多情況下，暫時不會有風險，可如果人與人之間從不交流，最後將會變成什麼樣？只有當所有人都堅持清晰明確地表達，危機才能在早期就被發現並消除。

在這本書中，我邀請了一些不同行業的菁英人士，請他們對於

「清晰明確」發表看法。這些看法我會原封不動地羅列出來，同時，我也會從自己的角度加以解釋。對我而言，清晰明確代表著交流，居高臨下的告知是口無遮攔。

在這個意義上，希望本書能夠激起你與其他人交流的興趣。更重要的是，從中激發出不同的意見，並抓住矛盾的實質。就像俗語中所說的那樣：當所有人意見一致的時候，那大多是個謊言。

因此，讓我們保持真誠，開始清晰明確地表達吧！

多明尼克・穆特勒

二〇一五年春 於科布倫茨（Koblenz）

第一章

走出溝通的舒適圈

很多人都認可直截了當的態度，但只有少數人會這麼做，為什麼？直截了當讓人不舒服，會威脅到眼下的「安樂窩」。

我們的目標必須是：整個企業從內到外都要做到溝通清晰明確。

——多明尼克・穆特勒

德國足球員湯瑪斯・穆勒（Thomas Müller），俄國總統普丁（Wladimir Putin），及落選的德國社會民主黨總理候選人的妻子戈爾烏特・史坦布呂克（Gertrud Steinbrück），他們有什麼共同點？答案是：他們三人近期在媒體上發言，都開始有話直說了。

比賽結束後，足球員解釋他們為什麼和球門或者獎牌擦肩而過；政客們透過外交手段呼風喚雨，並公開地談論他們的政治要求；名人的妻子哭訴與被野心腐蝕的另一半一起生活是多麼艱難。你覺得這些表達是清晰明確的嗎？

我曾在網路上做過一次系統性的調查研究，注意到以下幾點：

1. 清晰明確地表達並不是常態，而是一種例外。若某人總是直接說出一些事，他講的這些內容就不會登上報紙。但如果他過去總是含糊不清，今天卻突然有一說一——轟，頭條新聞！
2. 「有話直說」時常出現在一些負面資訊當中：酒鬼或者癮君子，

偏激、任性的青少年，這些人經常被冠上「口無遮攔」的稱號。

3. 比賽失敗後我們才會聽到真正的實話。孩子掉到井裡時我們才會說出實情。出現危機時我們才會實話實說，這是什麼樣的感覺？

若你對清晰明確持有些消極想法的時候，那麼嘗試一下改變自己的看法。我對清晰明確的看法如下：

1. 清晰明確必須是一種常態，而不是特例。它不應該再是報紙上聳動的大標，而應該純粹地成為（商業上）每天的日常行為。
2. 「有話直說」不應該是負面的，而是建設性的。它會有所傷害，但沒關係，最終每個人都會從中受益。
3. 在沒有足夠的準備前，人們不能過早地嘗試直截了當。在產生危機的時候，刺耳的話語大多只是口無遮攔的指責，並不是直截了當。

你在網上找到有關「清晰明確」或者「直截了當」的正面例子了嗎？找到了？那真是感謝上帝，還存在著對這種態度表示歡迎的積極跡象。是啊，有些地方甚至對直截了當求之不得呢。例如：「職工們要求管理層最終能做到清晰明確地對話。」（但是請注意這句話中「最終」這個詞——為什麼到了這個時候卻仍舊沒有直截了當地表達？）在討論中有時會聽到一句「請你現在把話說明白了」，或者人們會要求政治人物把話說清楚了。對此我覺得：首先，這時其實已經太遲，一切事實已經被迷霧所籠罩，沒有人可以看得清了。其次，這些要求已經很難發揮成效，事情已經發生，開弓沒有回頭箭。

這促使我產生了疑問：當媒體聲稱某人「有話直說」的時候，背後是否隱藏了什麼？我不想進行過分的概括，但人們在新聞、脫口秀或者新聞發佈會中總是能聽到差不多的說法。他們努力地想要爭取到觀眾、聽眾和讀者的注意力，並大言不慚地宣稱這就是真相，對此我只能表示遺憾。

還有一個現象讓我覺得很好笑：球隊管理層中總有著一些保持沉默、卻又嚮往著「有說直說」的人。這些人從不向下屬表達真實的想法，對管理團隊中的同事也是如此，更不要提面對大眾了。但是，他們每年會花重金聘請企業顧問，希望他們能直截了當地指出球隊存在的問題——但必須閉門長談！最好連門鎖都鎖上。

為什麼有話直說就這麼難？

當人們不喜歡去做某些事的時候，有兩種可能性——人們在刻意回避這些事，因為它是不好的、令人痛苦的、危險的，至少是讓人害怕的。例如夏天的時候，很少有人敢跳進萊茵河裡洗澡。雖然近些年萊茵河的水質好了很多，但與艾菲爾山區（Eifel）的清澈湖水相比，還是太噁心了，而且萊茵河中段水流湍急，也是有危險的。跳傘從某些方面來講真的不比開車危險，但大多數人還是對這縱身一躍充滿了害怕。

另外一種可能，是因為某些事物難以被人們掌握，從而使人產生了回避情緒，心理學家稱之為「阻斷」（Blockade）。某些事情毫無疑問是好的，是有積極作用的，卻往往沒有人去做。舉個例子，幾乎沒有誰會否認體檢對於癌症預防的意義。雖然醫療保險會承擔費用，但很少人會真的去檢查。為什麼呢？因為麻煩而且會花費很多時間嗎？的確如此，但這並不是「阻斷」真正的原因。倒不如說，人們寧願在不清不楚中回避它，至少在表面上可以繼續開心地生活下去。儘管人人都明白，「清晰」與「明確」才能使人從擔心中解脫出來，而「含糊」與「迷茫」只會使負擔越來越重。

對於企業而言，清晰明確的作用也是相同的。沒有哪個管理者會否認直截了當是有益的。既然很多人都認可直截了當的態度，為什麼只有少數人會這樣做？

因為，直截了當讓人感到不舒服，會威脅到眼下的「安樂窩」，是鋌而走險。

舉個極端的例子。作為拜仁慕尼黑足球俱樂部（FC Bayern München）的球迷，我清楚地記得，在二〇〇七年十一月召開的拜仁慕尼黑年度股東大會上，烏利・赫內斯（Uli Hoeness）[1]那段堪稱傳奇的發言，那段發言使得現場的氣氛很糟糕。有些球迷一直對成功的足球俱樂部有許多詬病：這些俱樂部都非常商業化，都拋棄了舊的傳統，昂貴的比賽門票，體育場裡越來越多花俏的玩意（對此，那些「真正的」球迷並不買帳）。而現在的德甲[2]俱樂部卻把奉承球迷變成了一種常態。什麼「沒有你們的話我們什麼都不是」，或者「你們是世界上最棒的」，如此這般。而烏利・赫內斯卻打破了禁忌——他批評了自己的球迷。原話是這樣的：

1 前德國足球員，後進入拜仁慕尼黑管理層。

2 德國足球甲級聯賽簡稱「德甲」，是德國足球最高等級的賽事類別。

該為你們他媽的糟糕情緒負責的人是你們自己，而不是我們。你們怎麼不想想，是誰整年努力地讓你們只花七歐元就能進場在看台上看球賽？你們怎麼不想想，到底是誰為你們支付了這些錢？這些經費都出自那些坐在包廂裡的贊助商，沒有他們就沒有這座安聯球場（Allianz Arena）[3]，你們現在還在冰天雪地裡看球，只能去看像博爾頓（Bolton Wanderers）[4]那種只有一萬兩千名觀眾的球隊……任何俱樂部或多或少都會輸球，但我們仍舊生存著。誰應該對這些糟糕情緒負責？是球迷，那些還活在過去的球迷。

哎喲！這話真是太傷人了！侮辱球迷是絕對不行的，憤怒的浪潮緊隨而至。那麼烏利・赫內斯到底做了什麼呢？

1. **清晰的想法**。赫內斯沒有討論俱樂部過度商業化的問題。相反地，他識破了球迷們不切實際的願望：球迷們想要那個頭銜，那個「第一名」的頭銜，但又覺得做到這些是不用花錢的。這當然不可能，這是赫內斯的觀點。

2. **想＝說**。當時的拜仁隊主席顯然和他的這位新聞發言人溝通不足。照常理，他們應提前定好有哪些內容、哪些想法可以現在說，而哪些不可以。但是不，烏利・赫內斯把他心裡所想的一股腦地全說了出來，他太衝動了。

3. **言詞激烈**。想要討論問題，就應當表達真實的想法，而不是拐彎抹角地兜圈子。空話、套話和弱化的形容詞是無法讓討論進行下去的。有時候，甚至發生爭論都是好的。我相信烏利・赫內斯只是太關心這件事，關心他那畢生的心血，本身並沒有想冒犯任何人的意思。

3 位於德國慕尼克市北部，歐洲最現代化的球場，可容納七萬五千名觀眾。

4 英國老牌足球隊，近幾十年賽績欠佳，已於二〇一一二年從英超聯賽降級。

現在我問你：為什麼美國通用汽車（General Motors）[5]的管理層沒人可以像赫內斯那樣，讓位於德國波鴻市的歐寶汽車（OPEL）[6]工廠的工人們知道，他們的工廠現在是否要關閉[7]？如果要關，什麼時候？例如，可以有人站出來說：「大家聽著，工廠已經維持不下去了。明確地說是出於以下原因：第一、第二、第三……」讓真相取代那些含糊其辭的安撫，讓清晰明確隨著底特律河的河水流進歐洲，流進德國，流進波鴻。

我聽說，大多數被歐寶解雇的工人很難在魯爾區（Ruhr-gebiet）[8]的其他地方找到工作。這並不是因為沒有新的工作機會，產業的結構變化創造出了很多新的工作崗位。而是因為這些工人很多年都沒有接受過新的培訓，所以無法適應新工作。表面上，他們有了一份穩定的、可以一直做到退休的工作，於是大腦就切換到「待機狀態」，不再學習新的知識了。為什麼沒有管理者敢站出來承擔？為什麼沒有人敢說：「夥計們，你們只把自己看作受害者，但你們這些年原本可以去繼續深造，而不是只會為了爭取更多的薪水和更少的工作時間去罷工。如果不是這樣的話，你們現在已經在別處找到工作了……」哦，天哪，這話太傷人了！這就是打破禁忌。

如果你問我的個人意見：我不認為通用公司的管理者缺少說出這種激烈言詞的勇氣，他們只是不知道自己想要什麼。

沒有立場就沒有清晰表達

不清晰明確是不行的，而沒有立場就沒有清晰明確。原則上來講就這麼簡單。當某人不知道自己想要什麼，卻仍要表達某些內容的時候，那麼他只能拋出一些含糊不清的言論。停！此時唯一合適的選

---

5 全球最大汽車公司之一，為歐寶汽車的母公司。

6 德國老牌汽車公司之一，至今已有一百多年歷史，於一九三一年被美國通用汽車收購。

7 受到歐洲經濟衰退的影響，位於德國波鴻市的歐寶工廠於二〇一五年十二月十二日關閉，該工廠設備被拍賣。

8 德國最重要的工業區，也是世界最重要的工業區之一，被稱為「德國工業的心臟」。

擇，就是坦言自己的構思還沒有完成。可是，你聽過多少次高層管理者或者政客們說：「我們還在考慮，一旦有了明確的意見之後，會再跟大家報告。」應該很少聽見吧？最常見的情況是，即使他們還沒有計劃，也要裝成策劃者或者知情人，好像已經有了想法的樣子。這種管理者在表達的時候會一下子說東，一下子說西，總是不斷地改變著立場，不知何時就陷入了自相矛盾。

我喜歡《圖片報》（*Bild.de*）[9]，他們的口號「培養你的意見！」（Bild dir deine Meinung）非常棒。思路清晰是《圖片報》的一貫風格。但更重要的是，《圖片報》始終擁有一個明確的看法，對此我可以從個人的角度判斷是與非。就這點而言，《圖片報》促使它的讀者建立起了自己的看法。

最近有一項研究，是關於為什麼推特（Twitter）在德國相當失敗。在德國，所有人都喜歡用臉書，約九十%的社交媒體用戶（覆蓋了約七十%的德國人口）都使用臉書。而另一方面，推特的使用率只有二十四%。即使是極度無聊的商務人脈社交網站 XING，也比推特有更多用戶。相較於推特在全球的巨大成功，這二十四%簡直少得可憐。有人認為，推特在德國失敗的原因之一是德語相較於其他語言，例如英語，更為複雜。這真是胡說八道，哪怕是個孩子，也可以用一百四十個字元發表自己的看法。

這項研究發現了推特失敗的主要原因，發人深省：推特是一個可以傳播與討論看法的平臺。美國人和英國人喜歡這樣做，他們喜歡表達自己的觀點並圍繞這一觀點開始討論，甚至從孩童時期，還在學校學習的時候他們就開始參加辯論俱樂部了。而德國人呢？顯然他們不喜歡這麼做。他們更願意在臉書上上傳一張今天午餐的照片，或者是上一次登臺發言的照片，或者是和安克・恩戈爾克（Anke Engelke）[10]

9 歐洲發行量最大的報紙，以圖片報導為主，擁有大批讀者，對輿論的形成具有很大的影響力。

10 德國著名女演員，喜劇演員。

的自拍，其他人看到以後會留言說「我喜歡這個」，或者「多美啊」「好可愛啊」……這是多麼地人畜無害啊！

架構一個想法和交流一個觀點是要消耗精力的。無論如何，肯定要比把一張無聊的照片或者一句心靈雞湯發送給全世界更費力。

人們在臉書上做什麼，我並不關心。我只是想在本書中說說企業中的狀況：越是位高權重的人，越是那些可以宣佈「會議到此結束」的人，就越容易沒有立場。那些已經成功甚至被視為專家的人，那些每天打著價格不菲的領帶上班的人，他們可以在會議中滔滔不絕沒完沒了地直至地老天荒，卻不願將自己的觀點清晰明確地表達出來。我經歷過這樣的會議：人們先是極為小心地試探，如果老闆看起來持懷疑的態度，那麼接下來他們就會口風一轉變換方向，與老闆保持一致。會議就這樣繼續下去，直到最後沒有人再想要發言了，事情也就如此這般被敲定了下來。隨後，會議記錄再次以電子郵件和影本的形式發送給幾十人反覆咀嚼、研究、整理。我不禁要問：這種狀況是否應該存在？

問題是：在不能保證事情都能正常運轉的情況下，人們如何能勝任自己的工作？每個人都必須知道當前是什麼樣的狀況，這是基本原則。什麼是今天要做的？眼前的開關是否應該按下？貨物是要進倉庫還是送往別處？工程該用混凝土還是木質結構？

試想，有沒有專家或高層主管會私下與工匠溝通說：「我們是否應該對產品做些調整？」有沒有人會問企業顧問：「我們是否應該做些什麼來提升企業形象？」再想想，是否有人會對他的園丁說：「隨便把花園弄漂亮一些」，或者走進汽車經銷店說：「我想要買輛車，但我不清楚我有多少預算，讓我們找個時間來談談？」

顯然，在任何情況下都不可能發生這樣的對話！你必須先明白自己想要的是什麼，然後再清晰地表達出來。這是最基本的。

再舉一個油漆工的例子。我說：「我想把房間漆成紅色」，然後工匠就可以從專家的角度提供意見。他可能會說：「對於這個房間我不建議這樣做，這樣會影響到自然光線。」那麼我就可以考慮，要麼接受工匠的意見，要麼堅持我自己的想法。無論是哪種，工匠最終都會按照我的決定去完成任務。又或者我走進保時捷專賣店說「我想要一輛911[11]，但支付條件必須合理」，然後業務會從專業的角度告訴我，他可以提供的購車選項，但最終由我來做決定。

清晰明確不代表人們馬上要有一個正確的答案，也不代表要搞清楚每一件事。人們在開口之前要有一個自己的觀點。清晰明確也表示，一個可以溝通的觀點，在與他人討論，聽取他人建議的情況下，是可以被理解和改變的。

柏林布蘭登堡機場（Brandenburg Willy Brandt Airport）停工後，有媒體報導指出，工程存在約六萬五千處缺陷，還有一說是十五萬處。這些缺陷是如何被定義的並不是重點，重點是，這個重大的項目就如同在沙灘上蓋高樓一般，沒有做好任何基礎工程，甚至連建造者們都不知道他們應該做什麼。

讓我們來看看到底發生了什麼。在監察委員會中，管理者、政客、投資方們相互間沒有基本的溝通，只是自顧自地說著自己的想法。項目管理團隊中，構想被不停地改來改去。機場建築師曾抱怨：「在建造過程中，計畫更改數百次」，並且在此期間始終「缺乏溝通」。其結果就是：從根本上，沒有人知道自己在工地上應該做些什麼、怎樣做。那麼那些「狡猾的」工人們是怎麼做的呢？他們只是隨隨便便應付一下，甚至樹都種錯了！他們的口號是——就這樣吧。

這樣當然不行。這一切的混亂，都在浪費納稅人的錢。

將責任作為敲門磚

日常中清晰明確的溝通開始於責任感。當然，它指的遠遠不只是

11 保時捷旗下最為經典的跑車車型之一。

清晰和有責任感的溝通。但是，在那些不把清晰明確作為溝通原則的日常商業活動中，責任感已經不存在了。例如，他們會用「你會收到我們的答覆」來代替更加清晰明確的「最遲下周三以前我會將決定告知你」。他們會用「這聽起來很有趣」來回答別人，而他們真實的想法卻是：「對此我完全沒有興趣。」

責任感是必須的。想要成為有責任感的人，首先必須擁有一個自己的觀點。沒有觀點就沒有規劃，責任感也就無從談起。其次，責任感代表按照所說的去做，兌現曾經的承諾，即使在這期間情況已經發生了變化。在維基百科中，關於「責任」是這樣解釋的：

責任，是指一慣性、毅力，或更確切地說——堅定。一個人即便是在不利的情況下，仍舊按照允諾或者已聲明的意圖（統稱為「諾言」）去為某人或某些人完成某事。

美國人的表達則簡單很多：Walk your talk. 按照你所說的那樣去做，並且不要突然且毫無理由地做出改變。

不負責任會讓人非常惱火。如果不涉及利益，它至少是無害的。讓我們回想一下那位讓我等了半年的客戶的故事。故事的最後是我雖然很生氣，但最終沒有什麼損失——我又得到了另外一位客戶的委託。

如果涉及利益，那麼不負責任造成的後果就嚴重了：一位實習期的女員工從老闆那裡聽說，老闆計畫與她簽訂長期工作合約。於是她把丈夫和孩子們接到了公司所在地安家。然而，在實習期結束前的一周，她再次從老闆那裡獲悉，老闆覺得她現在並不是那麼優秀了，所以決定中止工作關係。有人會說了：「她應該等到實習期結束再決定。」我不完全同意。法律和規定雖然都是好東西，但一句承諾也應該是可以讓人信賴的，應該在企業運轉中擁有類似於法律般的約束力的。當這關係到上千個工作崗位與幾十億經濟價值的時候，管理者的決定顯得尤為關鍵。

當這本書出版的時候，不知卡爾施泰特（Karstadt）[12]是否還存在。如果存在的話，那真是個奇蹟了。二〇一〇年，一位投資者幾乎以被贈送的方式得到了這個瀕臨破產的集團公司，他向員工、客戶和債權人承諾，會將所有事務公開化。這是一個多麼棒的表態！多麼好的傳統！有多麼偉大的意義！然而後來的事實證明，這裡面哪有什麼清晰明確？哪有什麼真正有責任感的承諾？完全是錯誤的例子！

四年後，《商業周刊》（*Wirtschaftswoche*）披露了真相：

有人說，我是個億萬富翁，我是個投資者，我是個無私的人，稱贊我瞭解經濟、金錢與企業重組。當那些對卡爾施泰特公司長年的危機已經無計可施的負責人們與我商談這個集團未來的時候，是這樣說的：「我們決定將它送給你，投資人，以一歐元的代價。你不必冒著風險接受，不必投資，如果你不接受，也不會有任何損失。但相反地，如果有一天它開始盈利了，那麼這份盈利就是你的獎金。親愛的億萬富翁先生。」

在卡爾施泰特這次的大事件中，不同人對於清晰明確和責任的態度反差是顯而易見的。某些完全沒有責任感的人卻差點承擔起了對一萬七千名員工的責任。當然，只是在媒體關注他的那段時間裡。在之後大眾的批評紛紛襲來的時候，他就退回自己的小公司裡去。人們應該慶幸，他沒有用「贈送或只售一歐元」這樣的標題，在 eBay 上把卡爾施泰特賣掉。清晰明確的表達起始於日常中的責任感，除此以外別無其他。

12 德國最大的老牌商業集團。二〇〇〇年以後因經濟危機及管理層決策錯誤的影響而陷入嚴重虧損，面臨破產與被收購的命運。後被奧地利地產大亨班克（René Benko）收購了大量股權。二〇一四年八月，班克宣佈以象徵性的一歐元價格全面收購卡爾施泰特百貨公司集團。

結論

透過獨立思考來判斷一個觀點，再把自我理解的內容透過討論表達出來。這並不代表我們要馬上同意別人的意見。我們公開討論，為的就是完善自己的想法——這是我所理解的「清晰明確」。

不論是誰，都要對他清晰和負責任的言論承擔義務，儘管這是種很死板的思考方式。責任心的前提是，我們的觀點必須經過深思熟慮，這代表我們應該獨立思考，而不是借用別人的想法代替自己的。「清晰明確」需要把覺悟與內省作為前提。

第二章

清晰表達不等於口無遮攔

清晰表達可以透過三個步驟起作用：一、辨別，確定問題到底是什麼。二、獨立思考，是否有自己的想法。三、讓建議盡可能精准地直奔重點，並且在所有人已經瞭解的時候結束話題。

在企業中，清晰表達原則上是為了兩個目標：一是為了做得更好，二是為了解決問題。

——多明尼克・穆特勒

有一個有趣的實驗：人們把動物園裡的猴子和裝著各色顏料的罐子放在一起，旁邊放著鋪開的紙。猴子們很聰明，牠們真的開始「畫畫」了。牠們用手指從罐子裡蘸上顏料，並在紙上肆意發揮著。

這個實驗重複了多次，其中最有趣的是：部分猴子的作品與一位二十世紀世界著名抽象藝術家的畫作驚人地相似。甚至在 reverent.org 網站出現了一個測試，你可以投票選出某幅展示圖是由誰所畫：人還是猴子。這判斷起來一點都不容易！

這個實驗推動了另一個試驗的產生。這次更加大膽了一些，實驗者把猴子畫的最好的作品掛在了一家時尚畫廊裡，並邀請人們來參觀。當然，沒有人對他們透露任何與猴子有關的資訊，而是聲稱所有展出的畫都是一名至今仍沒有名氣、如流星般一閃而過的畫家的作品。於是，人們站在畫作前讚歎著：「哇哦！」「啊哈！」「好棒！」「多麼前衛啊！」「多麼富有表現力！」但在實驗者告知實情後，參觀的人都感到很生氣，並且不再對這些畫有任何興趣了。

問題來了：為什麼人們如此失望？好吧，他們被騙了，這感覺的確不好。但為什麼他們一開始明明覺得畫作很棒，後來就不這樣認為了呢？除了附加上這是「猴子的作品」這個資訊外，這些畫作沒有任何改變。當「一幅抽象畫究竟是由猴子還是由一個落魄藝術家完成」這樣的問題，可以使人們的態度產生如此大的轉變的時候，我們應當想想，其中的差異在哪裡。我的結論是：藝術家是透過有意識的行為來完成藝術作品，而猴子則不是，儘管最終結果是相同的。

有人會問，這個故事和清晰表達有何聯繫呢？很簡單：有些人講話的時候是有意識地決定要不要清晰明確，而有些人則是渾然不覺地、下意識地有話直說。就拿我自己來說，我那些直截了當的發言都是無意識的，並非事先打好草稿的。約亨・史威瑟（Jochen Schweizer）[1]也是如此。當我為了寫這本書到他的公司採訪他的時

1 德國知名企業家，也是德國極限運動與高空彈跳運動先驅，曾在電影與廣告中擔任特技演員，創造多項世界紀錄。

候，他問我：「你真的認為有人會買一本關於清晰表達的書嗎？」我回答：「是的。」然後史威瑟搖了搖頭，說：「愚蠢的想法。」

與約亨・史威瑟交談之後我完全明白了，為什麼他不需要關於清晰表達的書，甚至，為什麼他整個公司裡都沒有人需要一本這樣的書。約亨・史威瑟一直都是有話直說且不多費腦筋，他的員工也同樣能做到清晰明確，而且不僅是同事之間，在面對老闆的時候也是如此。在我認識的人中，史威瑟當然只是個特例，一個「清晰表達」的榜樣，存在於一個「清晰表達」的公司當中。約亨・史威瑟是有意識地督促自己講話直截了當。

人們總是對自身有虛假的印象，所有人都如此。「虛假」的意思是指，某人對自己的看法與別人對他的看法是完全不一樣的。假設某個默默無名樂隊裡有位歌手，相信自己是下一個羅比・威廉斯（Robbie Williams）或賈斯汀・提姆布萊克（Justin Timberlake）。之後他參加了「尋找超級明星大賽」[2]節目，被評審迎頭痛批。最後，他只能落寞回家，對著樹林怒吼發洩怨氣。

但過段時間，也許他會感謝這次挫折，因為透過那些清晰直白的回饋，他會意識到：他的自我印象和外界對他的印象是不相匹配的。因此，他必須做出改變。最終他會有意識地變得更好，並獲得更好的機會。

不要描述問題，直接說答案

一位年輕的企業家打電話給我說：「多明尼克，我需要幫助，我快瘋了。」於是我傾聽了他的問題。他想在國稅局查詢稅款，但查詢過程非常複雜：他必須先線上輸入資料，在得到了登錄密碼之後，要再次上線輸入密碼，然後才可以進行接下來的操作。這是一套相當複

2 德國著名超級選秀賽事。

雜的手續，只有官僚主義的腦子才想得出來。我對這位企業家充滿了同情。他被這套繁瑣程式卡住了，不知道該怎麼做，也搞不懂是因為什麼。

在打電話給我前，他有先詢問他的會計師。會計師是怎麼反應的呢？他把整個流程對企業家從頭到尾解釋了一遍，但委託人其實只是卡在流程中一個很明確的位置而已，他只是想要一個答案，卻聽了一堆毫不相干的內容。最後，他只好打電話給我：「請直接告訴我，這邊該怎麼辦？」我承認，我也必須先仔細地想一想。但我與會計師的做法不同，並沒有把想到的一股腦全說出來，而是針對他卡住的地方，說出我知道的答案。所以，對待問題的正確方式是：不要描述問題，而是直接給出答案。

有些人會將所知道的一股腦倒出來，卻根本沒意識到哪些是對方問到的，哪些不是。我發現在會議中，這種狀況特別明顯。會議參與者通常主要分兩種類型：第一種類型是在會議中從頭到尾什麼都不說，喜歡挪動椅子，讓自己被其他同事的身影遮住而不被老闆看到，並且期盼老闆不要問自己任何問題。

另一種類型則是不停地發言，描述問題。本來大家希望透過會議找到一個解決方案，但他總是從很多不相干的問題上講起，滔滔不絕地分析其中與當前問題的聯繫。

毫無疑問地，我對第一種類型比較有好感。至少他知道自己沒有見解，在這種情況下他做了唯一正確的事，就是閉緊嘴巴。而第二種類型雖然也沒有見解，卻認為大家只要願意花時間去討論問題是怎麼產生的，就能解決問題。可是他完全沒有意識到，強迫大家花幾個小時聽他喋喋不休，會耗光在場所有人的精力，甚至妨礙企業營運。

清晰表達的三個步驟

清晰表達可分為三個步驟：一、辨別。確定問題到底是什麼。二、獨立思考。是否有了自己的想法。但注意，自己的想法不代表可以重複別人剛剛說過的話。三、讓建議盡可能精確地直奔重點，並且在所有人已經瞭解的時候結束話題。

有些企業的管理者在第一步的時候就已經失敗了。他們從一開始就無法確認正確的問題是什麼。我曾和一個企業合作，這個企業決定建造一個新的公司總部。建築用地和建設許可證都已經準備好了，現在的問題是，應該選擇哪一位建築師。但人們竟然開始討論應該用什麼顏色的地毯，這樣的內容讓我想立刻起身離去。

第二步也很重要：清晰表達包括了之前我所定義的、擁有一個屬於自己的、經過獨立思考的觀點。但也許當人們在食堂裡和同事邊吃邊聊的時候，才會把獨立的想法拿出來與別人切磋一下，然後被大多數人的意見所同化。又也許像之前所說的，僅僅是將剛剛別人發表的觀點簡單複述，只不過用的是自己的表達方式罷了。當還沒有形成自己意見的時候，應該沉默、傾聽和持續的思考。

如果能做到第三步，那就真的為達成目標做出巨大的貢獻。現在要做的是抵住誘惑，把答案（或想法和觀點）用最有可能吸引別人關注的方法包裝起來。也就是說，可以用形式新穎的方式來敘述，或者在最終切入正題前再次扼要地回顧一下整個問題討論的經過。

對於很多德國中小企業的領導者們而言，清晰表達的效果是不言而喻的。他們既不在拐彎抹角上浪費時間，也不在與問題無關的描述上被干擾。他們對剛剛發生的問題有一定瞭解，而且渴望答案。至少在小範圍內他們可以做到清晰明確地交談。在我看來，清晰表達是他們成功的秘訣。

然而也有很多企業家、管理者與員工無法做到這樣。他們少有精闢的發言，卻聲稱自己最喜歡直截了當的人。他們這麼說可能有兩個原因：一、他們所謂的「喜歡傾聽清晰明確的意見」只是對待別人時的一種姿態，是純粹的自我表演；二、雖然他們真誠地想要做到有話直說，但他們的同事卻不喜歡這麼做，這是一種「一廂情願」。

那些「故作姿態者」和「偽清晰表達者」——他們擁有極度的虛

榮心。而這類人又可以分為兩種類別：第一類在面對大眾時選擇有話直說，因為他們發現這樣感覺很好，但在其企業內部時又是另外的樣子。員工完全不瞭解他想要的是什麼，最終他也沒有對大眾做到直言不諱，一切都只是場表演。這種人知道他應該說什麼，也知道怎樣透過刻意的刺激獲得媒體的關注。他想要成為焦點，被關注的中心。他們與那些在會議中毫無觀點而又廢話連篇的員工有著一樣的心態。

第二種類型只能對別人直言，卻不能接受別人的直言。他們手下的人只能不斷地聽他說：「胡說八道」「傻瓜」或者「廢話」這樣的字眼。但是反過來，如果員工非常直接地對他說，他的某個想法完全是廢話，那麼這位員工的飯碗就保不住了。這不是清晰明確，而是口無遮攔，或者說居高臨下地叫囂。這種類型的人大多是獨裁者，在他們身邊只會讓你不斷積聚負能量。

此外還有一種人，他們不是「故作姿態者」或者「偽清晰表達者」，只是純粹地忽略了這個問題。他們沒有意識到，不是只有作為上司的他們要明確地表達，他們的員工也要做到有話直說。時至今日，還有許多員工存有一種要對領導極度尊重的階級觀念，無法做到有話直說。如果領導想要尋求改變，想讓全公司的溝通都做到清晰明確，那他就必須明確要求公司從上到下，所有人都這樣做，否則沒有任何意義。

自省＋坦率＝創造性

當一個企業中所有人可以做到獨立思考，並且毫不膽怯地將自己的觀點表達出來，並與他人交換意見的時候，那麼這個企業就會更加富有創造力，更加成功，當然也就能賺到更多的錢。這樣的企業在面對危機時，更有戰鬥力，員工也會更有成就感。企業越大，清晰明確的表達也就越重要，但複雜的階級制度，卻往往讓清晰表達變得困難。

例如，一家公司的員工仍然在使用一款非常老舊的電腦軟體，而他們的老闆因為整天都在關注其他的事情，所以完全沒有注意到這些細節。最初，員工們耐著性子，一邊繼續使用那款老舊的軟體工作，一邊想著不知道什麼時候能升級更新。漸漸地，有些人開始惱怒，忍不住抱怨：「我們只能用這種老舊的玩意兒工作嗎？」然後心情因此大受影響。其實這種情況完全可以避免。老闆只是不知道員工真實的需求，這種層層管理體系，太依賴於員工主動傾訴。

此時，雖然聽到了員工的抱怨，老闆卻依舊不明白究竟出什麼問題。員工們只是說出「我們需要一款新的軟體」，卻並沒有解釋為什麼需要，目的是什麼，怎樣才可以變得更好。當我在公司裡確定需要某些東西的時候，我會勇敢地說出自己的需求，只有說出來，才能得到準確的回覆。

為什麼總要等所有員工都有意見，才願意有所動作？因為只有引起大眾的批評，使企業發展受到了阻礙，管理階層才願意收起自我中心的想法，開始有意識地明確溝通。他們急切地想要尋求改變，可是為時已晚。越是以自我為中心，他們就越是相信，自己對公司或部門的一切擁有掌控權。在他們的小王國中，每個批判性的觀點都被自動視為一種攻擊，一次造反。

誰能收起自大的心態，誰就能意識到自己既不是無所不知的，也不是對所有事情都可以未雨綢繆的，更不是一直都聰明絕頂的。高層主管可以嘗試在平等的基礎上與員工進行明確的討論，以便及時發現問題並將它解決。

還有一種始終存在的危險，就是對企業缺點的盲目無知。有些問題其實已經很明顯，只是人們對此已經麻木，失去了辨別的意識，有些人甚至已經完全視而不見。

在這裡我想要舉一個極端的例子，來說明有些高層主管是多麼有眼無珠。我合作過的某間公司，其生產部門約有一百名員工，其中有六人來自於身心障礙者福利中心。也就是說，這六名員工與福利中心簽訂工作合約，每天早上與其他九十四名員工一起在廠內工作。我馬上注意到，廠內所有員工都穿著一件印有公司徽章的T恤，唯獨那六位來自福利中心的員工沒有。這六個人自三年前就開始在這裡工作，不懼身體上的障礙，堅定地成為團隊的一份子，卻連一件工作服都沒有，這真得讓人難以想像。

我和管理者們，包括高層主管、人力資源等每個部門的經理都交談過，詢問為什麼那幾位來自福利中心的員工沒有得到印有公司徽章的T恤。你猜我得到了什麼樣的答案？管理者們異口同聲地說：「這不可能！我們這裡所有人都有那件衣服，包括那幾位身心障礙者。」

事實上，他們並沒有看到這個問題！更重要的是，他們固執地相信這是不可能的，是不會發生的。在周一的晨會上他們當然已經注意到，這些福利中心的員工們沒有穿著公司要求穿的服裝，但他們什麼也沒有想到，或者即使他們想到了，也從來沒有採取措施，最終變得習以為常。

我有一個針對企業的資訊收集法，叫作「清晰表達普查法」。有一次，一個汽車經銷商想要對品牌做些改進，進一步擴大知名度。

首先，我們安排了一次研討會。兩個小時以後我說：「夠了，停，這沒有意義。」因為我們一個解決辦法都沒有得出。這家經銷商過去從來沒想過該如何對他們的品牌做出改進。

於是我說：「現在我們開始試試『清晰表達普查法』。」這種方法的本質是透過一系列的採訪，與不同的人進行交談，從而得到不同的訊息。我和三組人員進行了交談，即一般員工、客戶和汽車產業相關的非客戶人員。

當「普查法」的結果出爐以後，最吸引管理階層的內容是客戶和汽車產業相關的非客戶人員說了什麼。這對我是真正的當頭一棒，因為在我看來，最應當首先引起關注的當然是「員工們都說了什麼」。員工們所反映的內容才是管理者應該優先知道的事情。

然而，管理者在看到員工的意見回饋時，反應果然和之前T恤那件事中管理者的反應一樣：「這不可能！」

只有儘早瞭解員工的意見，提出具體的改進方法或者其他促進發展的方法，才能讓企業營運得更好。我必須說明：採用「清晰表達普查法」收集不同人群的意見是百分之百有效的。當員工們在紙上對各種實際情況打下一到五顆星的評價的時候，他們是感到滿足的。如果管理者真的想要瞭解或改變什麼情況，那麼可以多多使用這個方法，效果會越來越好。在我所合作過的企業中，使用這種方法進行內部交流溝通後，大部分問題都得到了解決。在此之前他們只是缺少清晰明確的表達。

清晰表達的三個階段

在企業中，清晰表達並不是規定，也經常被人與心直口快相混淆。怎樣做才是恰當的呢？如何才能解決問題或者讓情況變得更好？根據不同的情況，答案也是不同的。對一家還沒有明確發展方向的企業來說，清晰表達代表著在擁有了關於發展的初步預想之後，應當列出具體的計畫書，並最終由某些人去執行。當每一個人對不明白的事都能清楚明瞭地去詢問，直到不再有任何情況需要瞭解，不再有任何行動是受到質疑的時候，那麼無論是解決問題還是企業進步，都指日可待了。

企業內無法做到清晰表達，往往是由於沒有抓住核心問題。例如，在一家公司中人們面紅耳赤地討論著關於廣告宣傳單的問題。有人說：「這份宣傳單完全不可行。」還有人說：「美術設計太差了！」有人認為文字介紹太長了，而另一個又覺得格式不正確。

但沒有人提出真正重要的問題：這份廣告單本來的目的和用途是什麼？我們要用它來做什麼？事實是，他們不知道這次宣傳具體的意圖是什麼，公司現在的問題是什麼。是庫存過多，想要把它們都銷售出去？還是透過宣傳單擴大品牌影響，又或者透過一系列的宣傳，最終傳達企業的新形象？不論是哪一個，都應該用對於核心問題的思考，來取代那些關於版面設計的膚淺爭論。

假定宣傳的目的是推動銷量，那麼問題就應該是：我們應該怎麼做，才能銷售更多產品？而不是：我們下一張宣傳單應該是什麼樣子？

也許有些人會認為我覺得他們很愚蠢，因為我所講述的都是很基礎的知識。對此我只能說：我在這裡寫下的內容，是在企業中每天都會發生的事情。就在剛剛我還聽到一場從一開始就走錯了方向的討論。這再次證明，八十％的企業在清晰表達這個問題上表現不佳。

根據清晰表達的實施狀況，我將企業劃分為三個階段：

第一階段：如果硬要我評價的話，那他們已經無藥可救了。清晰表達在這裡是不受歡迎的，一個人在口無遮攔地發表意見，而全場也只有他在講話。其他人不是腦袋空空，就是只知道沉默和服從命令。

第二階段：在這個階段，清晰表達是有可能的，但並不是隨處可見，而且明確的實話總是來得太遲，只有當危機發生了才會被想起來。很多討論走向了錯誤的方向，太多人對自己所處的立場沒有自信。清晰明確在這裡也不是真的被人們所期待。

第三階段：在此階段，清晰表達已經是慣例，已經形成了一種文化。通常情況下沒有人認為有話直說是多麼偉大的一件事，它在這裡是理所當然的，是被人們所期盼的。

處在第一階段的企業領導往往是持有者型的。也就是說，創始人（或者他的繼承者）決定所有事，有時他甚至是如國王一般的存在。這種管理者信奉一條座右銘，正如德國前總理施若德（Gehard Schroeder）所說：「夠了！照著我說的去做就對了！」

注意：有時這種類型的人是天才，典型的人物如史蒂夫・賈伯斯（Steve Jobs）。對此每個員工都要想一想，是否天才的獨裁是正確的。

處於第二階段的企業占了所有企業的八十％，而就是為了這八十％我才寫了這本書。他們非常需要清晰明確的溝通，但卻缺乏勇氣，也不知道如何去做。這些企業從工作坊到大型集團企業，涵蓋了所有的規模和行業。對此我提供的建議是，先建立清晰明確的意識。在開始的時候，多多進行自我檢視與意見交流，將自我印象與外界印象做個比較與校準，再做一些諸如「清晰表達普查法」之類的練習，保持對清晰明確地溝通的渴求。要有信心，沒有人會因為直言不諱而受到懲罰。

在第二階段，在人們還沒有對清晰表達習以為常的時候，通常會發生這種狀況：我受人委託，作為他的對外行銷代表與一家代理商進行了接觸。他希望代理商完成的主要內容是在公司的主頁上設計新的企業形象。我向代理商發送了電子郵件，希望他從專業角度完成這項工作。不久後收到了對方的工作成果，卻完成不符合我們的預期。我打電話給他，直接說：「這份設計很糟糕。」結果代理商非常生氣：「我不明白這樣的溝通對改進這個案子有什麼幫助？」你看出來了嗎？他們還不習慣直截了當的表達，這就是第二階段。

第三階段我在約亨・史威瑟那裡經歷過。在他那裡，所有人都可以到老闆面前無所顧忌地說出自己的想法，而老闆也是這樣要求他們的。當有人批評約亨・史威瑟時，他不會生氣；當有人提出反對意見或者更好的點子時，他也不會生氣，只要對方不是空洞無味地滔滔不絕。

所有還處在第二階段並且想要繼續改進的人，告訴你們一個很好的練習方法：你可以將某一天設定為「清晰表達日」，在這一天，每個人都可以無所顧忌地說出自己的想法。所有人都要相互保證，不會用這天說出的話，在日後拿來對付同事。我向你保證：這樣的行動，會讓很多人將心底的想法說出來。

結論

對一些人而言，清晰表達不需要太多的思考，因為這對他們是自然而然的事情。而對大多數不知所措的、尚在中間階段徘徊的人來講，我建議他們逐步地、有意識地開始清晰表達的練習。其中包括調節自我形象與外部印象的差距，也包括準確看清與克服企業裡的缺點。最後，經常性地提問，準確認清眼前的議題與想要達到的目標。在討論中不要偏離正確的主題。

▼各界專業人士如何看待「清晰表達」

接下來的章節中我會引入一些其他專業人士的發言。這些傑出的人物，在我的邀請下對於「清晰表達」這個主題發表了看法。在他們發言前，我會先簡短介紹這些人的生平。他們談論的內容都被詳實記錄，無論是我還是出版社都不會對其做任何修改。

這代表每位被邀請者都要對他們的言論負責。他們要允許我的讀者們來決定，他們的言論可信到什麼程度。至此，向那些用自己的發言充實了本書內容的所有人，表示衷心的感謝。

第三章

任何情況下都要清晰表達

現在大多數企業中人們肯清晰表達的原因是面臨危機。如果事情搞砸了，第一件事情就是實話實說。

「清晰明確」的發言，必須要有自己的立場。

——前德國國鐵執行長 哈爾姆特・梅多恩

好笑的是，在我寫這本書的同時，也在設計一份廣告，它的宣傳語是：「這個世界需要更多的清晰表達。」

一位上了年紀的女士接起電話，電話那頭傳出一個年輕男性的聲音：「嗨，寶貝，我很期待今晚。」女士回答說：「我想，你是要找我女兒吧。」那個躺在浴缸中，拿著手機的小夥子當下恨不得挖個洞把自己藏起來。太尷尬了！類似的情況有很多，比如，某人總是說漏嘴，將一些私密的事昭告天下：女兒和男朋友已經有過「親密接觸」了；某人新女友的父親做人很失敗；某個女孩根本沒有去她最要好的閨蜜家過夜，而是……

回到開頭的那句廣告語：「這個世界需要更多的清晰表達。」而上面的例子也很好地印證了這句廣告語的後半句：「有時候，事實會讓人不快和令人尷尬的，但通常它們也會有一些積極的意義，因為事實往往就是清晰與明確的。」我想當所有人都能清晰明確地表達的時候，生活會少一些尷尬。

開頭的例子可以看作是關於清晰表達的一種釋放。在第一時間，會有些尷尬和不愉快，當事人會完全陷入羞愧之中——就像浴缸中的小夥子那樣。但接下來會有一些額外的感受，比如：「嘿！這真是太糟糕了，不能再發生了！」而有些人也許會走到最終一步：「嗯，我明白了，從現在開始我們必須清晰明確起來。」

在一家企業中，所有人都應該相信，沒有清晰表達是不行的。如果想一切順利，那麼清晰表達就是先決條件。儘管它應該是所有人都遵循的規則，但還是只有少數人可以做到。

想朝向明確的目標行動，就必須做到清晰表達。當直言不諱成為一種日常化且自然而然的狀態的時候，就不再會有人覺得有什麼內容是不能說的了。

某人不小心將電子郵件發給了錯誤的收件人，在一家可以清晰表達的公司裡不是什麼嚴重的事。因為當清晰明確的態度形成風氣，那就不存在所謂的消息洩露，不存在無意中說出什麼不該說出的內容，也不存在某些人不應該知道的內容，最多也就是某人無意中獲得了一些對他而言並不重要的資訊，對此誰都不需要感到尷尬。

實現這一切聽起來很容易嗎？我的意思是，你會不會說：「沒問題，如果它真的有幫助，那麼從明天開始在我的公司裡，我的部門裡，我的團隊裡全體開始直截了當地交談。」事實上，百分之九十九的公司都不會這樣做，即使有些人在心裡已經決定這麼做了。這是一個變化的過程，人們到目前為止對清晰表達仍舊是不習慣的。雖然清晰表達會造成尷尬和不愉快，人們還是必須要先熟悉它。

為了更好地理解這一點，我們可以在心中將具體的情況演練一次。為什麼總是不能簡單地做到有話直說？為什麼說實話往往需要這麼長時間？為什麼必須在面臨危機的時候人們才會說：「這是怎麼回事？」根據我一次又一次的體驗，發現障礙在於：老闆們不敢給予一個明確的信號；員工們總是對公開談論問題感到害怕。

不要等危機出現才有話直說

在大多數的企業中，人們肯清晰表達的原因是因為面臨危機。如果事情搞砸了，第一件事就是實話實說。以一家擁有四十名員工的暖氣設備製造商為例。該公司曾經在太陽能暖氣領域取得非常優秀的業績。之後，隨著太陽能市場的變化，公司產生了問題。怎麼辦？減小公司規模，也就是裁員？還是維持公司規模去尋找新的業務領域？

討論激烈地進行著，甚至有些爭執。有人提出了問題：眼前的危機是不是不可預見的？管理階層一致認為：顯然不是。就跟所有的流行時尚一樣，每一個熱潮都會有結束的時候。人們不需要學過經濟學也知道這個規律，這已經是一個基本的常識。企業經營者熱衷於政府補助，但每個人也應當清楚，當一個名為政策的大手伸進經濟這場遊戲中的時候，這就成了一場高風險遊戲。政客們可以取消所有的政府補助，那樣的話市場會一下子被改變。

但是，這家暖氣設備製造公司的老闆沒有在危機來臨之前意識到這一點，無論是出於何種原因。其實，員工本可以對他直截了當地提供意見，比如說：「聽我說一句，老闆，我們發現人們不再那麼熱衷於太陽能了。這是很重要的，設備的銷售將會越來越困難。除此之外，公司裡越來越多的人對報紙上的消息感到不安。」

本來應該說出來的話，卻沒有人去說！情況變得越來越嚴峻，但所有人都閉緊了嘴巴。直到危機降臨，然後所有人都想一口氣知道所有的事——那些早就應該知道的事。

為什麼會這樣呢？因為沒有人想掃興。批評總是會引人不快。說出某些事情，一下子破壞掉別人的好心情，是很尷尬的。

現在我們來做一個比較勁爆的假設。你一定知道史蒂夫・鮑爾默（Steven Ballmer）[3]那場著名的演講，他以在台上整整鬼吼鬼叫了一分鐘當作開場，幾年來這支影片在網路上一直很熱門，已經有數百萬次的點閱量。如果你沒看過這支影片，我先簡短描述一下：這位微軟前總裁在數百位員工面前開始了他的演講。他走到麥克風旁，聲嘶力竭地來回奔走叫喊：「我只有六個字：『我愛這家公司！』」隨後是瘋狂的歡呼聲。

現在你可以簡單想像一下，在這個群情激動的時刻，一位微軟員工走了出來，站到講臺上湊近麥克風說：「史蒂夫，你愛這家公司，這是件好事。我也愛這家公司，但我不認為我們的問題是缺少愛。我認為我們的問題是越來越多的客戶更喜歡蘋果的產品，這會讓我們在接下來的一年面臨巨大的困難。」

想像一下，如果那名員工在那種情況下說出這些話，他會有什麼感覺？這樣你就能瞭解，為什麼在正確的時間清晰明確地發言是這麼的難。

3 美國著名商人，億萬富翁，曾任微軟公司執行長。

開始行動，制定標準，創造機會

如何將清晰表達變成一種日常行為，而不是危機時刻的應急計畫？我認為有三點很重要：首先必須是無條件地開始行動，第二是制定標準，第三是給予清晰明確表達的機會，建立一個論壇來提供技術上的支持，例如內部聯絡網。而這三點中最重要的是第一點，是著手，是行動。這就是我在本章節想要著重表達的：擺脫阻礙，克服羞愧，開始清晰明確地表達。

那麼，什麼是管理團隊首先要關注的呢？那種敢於走出來，站到麥克風旁反駁老闆的員工，終歸還是非常罕見的。大多數情況下必須由管理階層開始清晰表達，而且是在合適的時間。

舉個資訊公司的例子。這家公司隨著公共媒體市場的壯大與手機和平板電腦的普及而飛速發展。公司裡二十名員工行事無章可循。這時候，老闆必須站出來說：「各位同仁，此刻這一切看起來像一場盛大的派對，但這繁榮總會過去，市場也將會改變，這都是可以預見的。所以，現在我們應該思考接下來要做什麼。是應該團結在一起尋找新的項目，還是花些時間等資金回籠然後分道揚鑣？不論是哪一個，我們必須先選定一個方向，而不是等到情況變得更糟的時候才決定。」

這就是清晰的表達，一次性地說出直白清楚的話，總好過什麼也不說而最終破產。

作為榜樣，先人一步是很重要的。要讓其他人看到，這樣做是可行的。

下一個階段叫作「制定標準」。這是改變的信號，沒人可以忽視它。我認為標準不應僅僅是個象徵，而是在所有人面前的一種行動。

讓我們再次以歐寶汽車公司為例。這家汽車製造商處在持續性的危機當中。關閉位於波鴻（Bochum）的工廠對於品牌是一次極為沉重的打擊，但這並不代表歐寶所有的決策都是錯的，例如「亞當」

（Adam）車型就是歐寶所制定的一個標準。

這款車型不存在任何的技術創新，它的目的是重新定位品牌。歐寶借品牌創立一百五十周年慶典的機會，推出這款滿載著象徵的車型，並且瞄準了新的目標人群：年輕的購買者，特別是許多將「酷」作為購車先決要素的女性。人們總是在汽車網站上比較起亞（Kia）、雷諾（Renault）和斯柯達（Skoda）誰的保養費用更低，卻在街上目不轉睛地盯著 MINI、Cinquecento 或從遠處駛來的 A1。[4]

亞當的外形動感、色彩豔麗、極為個性化。每輛車都感覺是獨一無二的，並且還擁有一流的內裝。當歐寶的銷售量節節攀升的時候，報紙上甚至出現「亞當效應」這樣的詞句。

演員法利・亞迪姆（Fahri Yardim）在廣告中邊駕駛歐寶 Insignia 車型，邊開始以下面這段獨白：「是啊，歐寶……歐寶……歐寶……歐寶這牌子，我得說，人們現在很難從獲獎品牌聯想到這個傢伙。我曾經也有這種感覺，歐寶沒有顏色好看的車。歐寶基本上……只能提供最基本的配色。風格只適合老人家，有些土裡土氣的。歐寶車主的內褲是什麼牌子來著？啊，呂塞爾斯海姆（Rüesselsheim）[5]……」

這不是玩笑，這段廣告讓人們可以聽到歐寶自己對其品牌毫不留情的貶損，沒有回避任何尷尬。它要傳達的訊息是：是的，我們知道這個品牌形象至今仍是萎靡不振。但我們在改變，歐寶已經跟以前不一樣了。過來清楚地看一下，嘗試駕駛一下我們的汽車，最終就會像亞迪姆一樣說出：「嗯，這真是輛很棒的車。我真的這麼覺得。」這樣的話。這是透過在頭腦中重新組合的方法所得出的概念。

若管理階層中有先鋒型人物，將有助於為清晰表達創造機會，為清晰表達架構一個論壇。例如，如果想要企業運轉得更好，定期會議

---

4 起亞、雷諾、斯柯達分別為韓國、法國、捷克著名汽車品牌，皆以價格適中的大眾化小型車輛為主打車型。MINI、Cinquecento、A1：分別為英國 MINI cooper、義大利菲亞特（FIAT）、德國奧迪（Audi）旗下的著名車型，皆為小型車，以動感、時尚為主打特徵，價格普遍比前三者要高。

5 德國萊茵河畔小城，歐寶總部所在地，人口約六萬，大部分是歐寶企業相關人員及家屬。

就屬於措施之一，並可運用各種工具促進效果。例如架設一個內部的部落格，或者一個企業內的百科網站。按照集思廣益的原則，先將所有的想法集中起來，進行數位化的管理，而並不對其進行評估。

一旦企業內部建立起了清晰表達的氛圍，就是在表明——我們在行動中。

最重要的、也是需要一直保持的，是在基於形式、結構和合適的媒介這幾點的前提下，確實地行動起來。

而最最重要的，是要有勇氣。勇氣，先於一切。

▼如何看待清晰表達

專業經理人

哈爾姆特・梅多恩（Hartmut Mehdorn）

哈爾姆特・梅多恩是德國最著名的專業經理人之一。其決策和意見，始終是媒體的焦點。

哈爾姆特・梅多恩曾就讀於柏林工業大學機械製造系，後於航空工業，包括空中巴士公司（Airbus）、柏林航空（Air Berlin）任領導職位，並曾擔任海德堡印刷機械股份公司（Heidelberger Druckmaschinen）及德國鐵路股份公司（Deutschen Bahn AG）執行長。二〇〇三年三月，哈爾姆特・梅多恩擔任了柏林布蘭登堡機場股份有限公司

（Flughafen Berlin Brandenburg GmbH, FBB）執行長，為期兩年。目前已退休。

發言核心

↓公司的責任必須清晰明確地表現出來。
↓口無遮攔和清晰表達不能被混淆。
↓清晰表達需要紀律，否則會造成混亂。
↓有意識地接受一個觀點，這是清晰表達的基礎。

每個管理者都應該要做到「清晰明確」地表達，這項能力對於一名領導人有著最基本的意義。因為無論是誰，都對他所在的組織或公司負有責任。他必須瞭解情況，對問題進行總結。他的任務是將事實清晰地表達出來，讓所有直接和間接參與的人員，如周圍的同事、員工，乃至大眾，都明白他對於組織的目標如何定義、溝通和瞭解。

「清晰表達」也取決於當事人對狀況的掌握，而非發言技巧。管理階層發出明確指令會產生不同的影響，但在任何情況下都不可以混淆「清晰表達」與「口無遮攔」。

特別在團隊專案中，讓團隊成員的情緒如脫韁野馬般不受控制、將內心的不滿公開表達出來，這都是非常危險的。自以為是的公開言論無益推動工作進程，反倒很容易干擾團隊精神。

「清晰表達」也不代表每個人都可以不分時間場合、想說就說，這樣表達的只是當下的感受，後果只會變得亂七八糟，沒有人願意再傾聽其他人。一切與「清晰表達」相對立的狀況都會出現。想做到「清晰表達」，就一定要避免偏激和粗俗的舉止與態度，這些對企業和團隊都是不利的。

我認為我一直是所說即所想的，雖然我知道，明確的言論可能會被誤解，但我並不會因此退縮或拐彎抹角。我是個有棱角之人，這些棱角代表我的態度和觀點。

人們對於政治、經濟或社會的極端意見越來越少見。這是因為每當某人站出來發表意見，就得冒著被某些媒體盯上的風險，竭盡所能地強化自己的立場。面對充滿敵意的回應，這些願意為發言負責的人提出了疑問：「既然我又要被攻擊，又要被輕視，為什麼我還要公開表明我的想法，讓大眾來思考？」

高速運作的現代社會讓人與人交流的節奏越來越快。要想透過大量的個人評論總結出明確看法也越來越困難。這樣的節奏讓每個人的思考在某種程度上變得膚淺。此外，許多媒體在下結論時越來越草率，將事件加以醜化或加上個人偏見也日益明顯。

我認為，一代思想家或是所謂的意見領袖，是可以建立或影響大眾輿論的，但這樣的榜樣越來越少。只有少數人敢有話直說，或者更確切地講，很少有人敢公開地表明一個觀點。

想做到「清晰表達」，人們就必須清楚自己的觀點是什麼。這代表在發表看法之前，必須考慮自身所處的狀況並加以定義。將頭腦中的觀點公之於眾時，立場要堅定，而不是屈從於其他的因素而改變觀點。但遺憾的是，單調、一體化的思考模式現象仍是主流，其不只反映在媒體中，也瀰漫在各種大大小小的會議之中。

一個明確的想法不必讓每個人都滿意！一次關於溝通文化的深思是件值得期待的事。無論是對於企業、整體經濟還是社會，聽取意見都是有益處的。不是每個人都可以像專業人員那樣瞭解每一個領域，熟悉所有的問題。信任可以架起一座橋樑，而在建造過程中最重要的是誠實。誠實應當在生活的各個領域都成為基本態度，而那些不真誠的人並不會認同我的見解。他們的態度損害了核心價值，並使人對各種見解產生疑慮。

清晰表達必須著眼於解決問題

哈爾姆特・梅多恩認為，每位管理階層人員都應該掌握清晰表達的方法。他的看法清楚描述了清晰表達所針對的不同範圍：首先是不同的環境。在哈爾姆特・梅多恩所熟悉的大型企業中，指的是管理圈。對於規模較小的企業，通常是指組織頂層的那兩、三個人。而在家族企業中，哪怕是在家中餐桌上，所有家庭成員也要保證對公司的事務清晰明確地發言！其次是與所有員工、學徒和實習生明確地交流。第三是面對廣大群眾做明確地說明。

哈爾姆特・梅多恩是個特別的、面對大眾會有話直說的人。我完全同意他的觀察，越來越多的人不喜歡對大眾表達自己的看法，但一個明確的觀點對於大眾是極為重要的。每位管理者都必須具備能以有說服力的方式，對外介紹他的公司的能力，但更加重要的是，能在公司內部建立清晰明確的企業文化。

若身為管理階層的你開始清晰明確地交談，卻未能在企業中產生任何效果時，很有可能是你沒有足夠的堅持，而且態度不夠明確，又或者沒有提供可以交流的平臺。那就再加把勁，努力用各種方法驅散迷霧，直到喚醒你身邊的人，找到清晰表達的方法。

清晰表達本身並不是目的，它是用來解決問題的方法。言辭可以激烈，但真正起到決定性作用的是個人提出的觀點。一個觀點會使自己和他人產生摩擦，透過這種方式可以產生新的點子和答案。我同意哈爾姆特・梅多恩的看法，口無遮攔無法解決問題。我對口無遮攔的定義還要更進一步：口無遮攔是一種居高臨下的挑釁，缺乏一種與對方的平等。清晰表達代表著保持實事求是，在表述明確言辭的同時，始終保持對彼此的尊重。

許多管理者都非常自我。當他們需要清晰表達的時候，自負也一起來了。這些人陷入了「有話直說」演說家的角色，一場對話變成了獨白，一切又繞回原點。

清晰表達不只是來自於上層

清晰表達是一種很好的企業文化。它可以帶來真正的改變，產生更多的利益。但同時我也要清楚地說明：不要過度要求你自己和你的企業！清晰表達的戰略與清晰表達的文化對大多數企業都應當是長遠目標。更重要的是，開始行動並努力獲得第一次成功。

需要特別留意的是，清晰表達不只是自上而下的。在我們的生活中，幾乎到處都存在著階層制度。常言道：如果你處在上層，你允許做任何事；如果你位在下層，就應該閉上嘴巴。好幾代的人都是被這樣教育的，這種觀念根植於腦中，甚至，這不只是腦中的一個概念，也是現實。例如，當你擔任像德國鐵路這樣一間大型國營企業的老闆的時候，你很清楚國家總理與整個政府都站在你的身後，他們慷慨地將這份職位與權力交給了你。德國鐵路就曾向那些在網路上披露公司內部機密文件的部落客發送警告，要求刪除文章。[6]

階層制度中的清晰表達

若你想改變——你是老闆，就什麼都可以說；你不是老闆，就會被警告——這種狀況，那就需要一位先驅，需要各級人員共同在企業內部發出相關訊號。例如，允許在網路上發布公司的實際情況，而不會因為洩露商業機密被追究法律責任。

在管理變革中首先要做的就是改變觀念。所有階層的人（不只是管理階層）都要用明顯的變化為榜樣。在清晰表達這個問題上，各階層的先驅者都要勇敢地站出來，同時他們也需要受到鼓勵。那麼接下來，清晰表達的氛圍將會在每個團隊、每個部門之中，逐步建立起來。

而在有些企業中，這種變革不用這麼麻煩，因為不會因有話直說而被懲罰已經是約定俗成的了。例如，老闆可以說「最近有人在公司

6 二〇〇九年，德國一名部落客在網路上披露德國鐵路公司與網路公司的合作備忘錄，內容涉及公司擅自監視和刪除員工私人郵件。

的部落格中寫了些東西，內容挺過分的。但我必須忍下這口氣。我不完全同意他的看法，不過我還是要感謝他如此清晰的闡述，我們的確可以在這個部分變得更好……」諸如此類的。

你明白我的意思了嗎？就是，無論直截了當說出的內容是否符合人們的期望，你都能看到他們對這個內容的真實反應。

結論

名為「從明天起這裡所有人都有話直說」的項目只能在極少數的企業中起作用。人們的思維還停留在舊的模式中。他們害怕自己顯得突出，害怕丟臉，也怕給別人的熱情潑冷水。但更加重要的是，克服障礙並開始行動。方法就是：成為先鋒，並鼓勵其他的先鋒。制定標準，建立論壇，給人們實話實說的機會。引入創意管理，打破階層壁壘，每個人都要允許別人、自己也應當清晰明確地表達。每家企業都要維持一個良好的對外形象。更重要的是，從自身內部開始改變！

清晰表達的五個原則

在企業組織中，清晰表達無法一夜之間就達成，但清晰表達也不是一個偶然。

我長時間思考清晰表達這件事，並和許多人交流，從而更好地理解了清晰表達的前提。最終我總結出了五個清晰表達的原則，而且沒有任何一條是可以獨立存在的。例如：明確的個人觀點（第一原則）是所有原則的前提，同時也要有勇氣來支持自己的觀點（第二原則），儘管做到了明確，但沒有其他的條件支持也是徒然的。只有五個原則一起運用，才能做到清晰表達。

第一原則
明確

第二原則
確實

第三原則
勇氣

第四原則
責任

第五原則
同理心

第四章

清晰表達第一原則：明確

只有當「明確」成為企業文化之後，才會有人願意就之前積存下來的種種不合理狀況暢所欲言。只有在所有人對企業的狀況十分瞭解的時候，才會發生改變，變革計畫也更容易提上日程。

透過明確，讓企業裡的每個人都知道任務是什麼，
減少多餘的溝通。

——德國達威力集團執行長 溫弗瑞德·科茲爾瓦

假設我參加一場以「烏克蘭危機」為主題的脫口秀，坐在政客、科學家和社會學家身旁，那麼現在我能說些什麼？我可以談談我的想法，我對這個主題的印象。

問題是，我對烏克蘭問題瞭解不多，甚至可說是一無所知。雖然我還是可以表達我的想法，卻無法提出一個明確的觀點。在觀點模糊的狀況下，我不可能對這個主題直截了當地發言。我無法真正地參與討論這個主題。

那些經常出現在電視節目中的人，其實什麼也不知道。我指的並不是那些所謂的專家，雖然在我的印象裡，他們幾乎同樣也一無所知。離題了，接著我剛才想講的。在一場有專家參與的脫口秀中，主持人說：「讓我們在街上打聽一下。」然後畫面就轉到知名的購物商區科隆希爾德巷（Schildergasse）或者柏林亞歷山大廣場上形形色色的路人。當麥克風舉到穿著西裝的商務人士、提著購物袋的年輕人、或戴著針織帽的老太太面前時，所有人都開始講述他們的想法，但卻都是些陳詞濫調，因為他們一無所知。

我並不是想批判什麼。事實上，我認為想法、猜測、直覺都是很寶貴的，都有助於解決問題。但這些這離真正的見解還差得很遠。

不幸的是，當我只懷著一堆懵懵懂懂的想法時，是無法形成與之相對應的觀點的。例如，當我在一場脫口秀中想要和專家們認真討論的時候，卻只能說出一堆不知所云的想法。對於一場脫口秀而言，這並不算糟糕，最多只是我會很難堪，僅此而已。

還有件事也算不上太嚴重。每次世界盃的時候，都會冒出八千萬名「國家隊教練」（德國人口約八千萬）。每個人都有一套想法，想告訴國家隊該怎麼踢。畢竟大多數電視觀眾知道進攻和防守間的差異，並擅長從他們自己的角度去考慮戰術。但真正的國家隊教練才不管大家怎麼說，就算他願意接受某些建議，也僅限於真正的足球專家的建議。

許多管理者在工作中已缺乏明確性卻不願承認，也不想被其他人察覺，因為他們擔心失去權力。

而為了讓自己「不可或缺」，有些管理者甚至故意態度模稜兩可，導致目標模糊不清，這個狀態對整個組織是很危險的。

務必遵循這條原則：沒有個人的明確性，就不存在清晰表達。

「明確性」的意思是主題分明

明確性對於清晰表達非常重要。它是基礎，是重要因素，沒有它寸步難行。明確性代表著將多層次的主題分離：什麼是屬於整體的？什麼是必須單獨拿出來考慮的？產生這樣的結果是因為什麼？舉個簡單的例子：如果一家汽車經銷商處於赤字狀態，那麼作為管理者（或者是可以提供幫助的顧問），首先必須明確狀況。我必須將失敗這個主題從這家公司中分離出來。

失敗的原因有很多。我可以詢問公司員工：「這糟糕的情況是什麼原因造成的？」接下來我也許會聽到很多想法、印象、推測。我把收集到的這些資訊當作線索，真誠的建議可以引領我走向正確的軌道。能聽到人們的意見是很好的，但其中也包括了相互指責，或者辯解，當然也有錯誤的資訊。這也是我必須考慮到的。

若我想做到明確分析，就必須認識這些主題，才能將其逐層分離剖析。在剛剛舉的例子中，我可以大致想像一下，一家汽車經銷店是如何進行商業化操作的，以及成功的關鍵點是什麼。我不必瞭解每個細節，但必須瞭解整體的狀況，必須掌握正確的問題。例如：是否有質量不好的產品讓客人們感到厭惡？是否由此導致業績不佳？和生產商之間的關係是否有裂痕？是否開銷過大而影響利潤？

接下來我可以將這些特殊的主題明確化並自問：如何將所有的事物相聯起來？當我足夠瞭解，我就能設身處地地擁有一個與之相對應的觀點，但光是這樣還不足夠。我的這個觀點只是與別人討論時的基礎，我該對其他人說些什麼來闡述我的分析？我對解決問題的提議是什麼？我能說服別人同意我的意見嗎？在達成共識之後，我們必須要著手做些什麼？

這一切絕不容易。在我的經歷中最常出現的情況是：千辛萬苦進行到將想法轉變為有針對性的觀點這一步時，卻以失敗告終。

再舉個例子：設計企業商標的設計師拿出草圖的時候，每個人都立刻有一個關於它的想法。有的是出於一時的熱情，而更常見的是吹毛求疵：顏色太土、圖案間距過大、線條不對，等等。但這些都只是第一印象，充其量是人們根據自己不同的審美觀來判斷喜惡，他們只停留在了表面，而沒有真正地設身處地地進入狀態，提出一個有建設性的意見。設計師聽了這些意見，除了羞惱，什麼也做不了，也不知道下一步要怎麼修改，因為這些想法缺少明確性。

想要擁有明確性，就應該思考有什麼方法，能將想法變為觀點，然後落實到具體行動中。

許多人在表達意見後便沒有更改的空間，這點常常讓我感到無力。再次回到企業商標設計這個例子上。只有在非常罕見的情況下，才會有人說：「一開始我並不喜歡這個商標，但設計師與同事們的意見使我改變了看法。」

大多數情況下，人們只是極為迅速地冒出一個想法，然後就將其「打包封存」起來。他們認為自己的想法是正確的，而且不容辯駁，盡管他們的想法來自於之前匆匆一眼。只有出現非常多的反對聲音時，他們才會屈從，像一個空可樂罐子被人踩扁了一樣泄了氣。

在從第一印象到形成有針對性的觀點這一過程中，保持最大的開放度。傾聽，並在有人運用專業知識進行表達的時候，提出問題。一旦問題明確並確立一個觀點之後，就勇敢地維護它。不要輕易屈從於別人的反調。雖然要坦率地面對其他人的觀點，也要獨立思考。

整合主題並尋找答案

管理者必須要有將各類主題分開處理，最後再整合起來的技能。舉個典型例子：某公司瀕臨破產，從採購、物流、產品開發、行銷，放眼望去到處都是問題。對管理階層的指責，負面新聞，銀行的步步緊逼，也導致公司充斥著糟糕的氛圍。作為決策者的你若想扭轉局面，必須將這一團亂麻仔細拆開——必須將主題分離成不同的項目。但像之前說過的，你也必須再將它們整合起來。在實踐中，大型企業的高層管理者們要面對成百上千種可能性，要分辨出哪些可以整合起來，哪些可以開始運作。

當一家企業處在破產邊緣的時候，不可能同時開始所有的事，也不會有足夠的時間去做各種試驗。所以必須對主題進行整合，做到清晰明確化。

用搬家來打個比方。一開始將搬家要做的所有項目一一列出，分解成單獨的任務：運輸、裝修、購買新傢俱、賣掉舊傢俱、行政手續、戶口遷移，等等。想好每一個獨立的步驟，確定優先順序，再將其整合起來，制定時間表。

搬家不難，很少人會出錯。但在公司裡日益複雜的任務當中，明確性隨著複雜性的增長而變得越來越重要，也越來越困難。好的管理者必須同時面對數百個不同的主題，並將它們拆分、整合，否則就是不盡職。好的管理者也必須知道，他們對一個主題應該探究到什麼樣的深度：什麼是我需要知道的根本性的東西，什麼是與之相對應的細節；在專業人員的幫助下，我對其瞭解精通到什麼程度才是足夠的。

不幸的是，有些人會故意將事情複雜化。他們不去解開癥結，而是將其搞亂。這些人不願意將問題明確化。

為什麼不願意明確化？因為他們太自以為是，或者覺得自己不可或缺。自以為是是一種相對比較無害的狀況。這類人總是用聳人聽聞的言論擾亂別人的思路，然後借此向他人展示自己如英雄一般的存在感。這聽起來很神經質，但這種情況是相對無害的。更危險的是另外一群人，他們故意將情況攪亂，以此來證明自己的不可或缺。這種人會將企業帶入崩潰的境地。

舉個例子：一家企業的ＩＴ系統無法正常運轉，管理階層對此做了調查，結果發現是ＩＴ部門負責人在搞鬼，他企圖將一切事務複雜化，認為一旦只有他明白所有的一切，所有事就只能依賴於他的解決方案。高層管理者們識破了他的詭計，給了他兩條路：改變自己的行為，不然就離開公司。

再舉個例子：一家中等規模的設備製造廠的資深專業經理人，再過一、兩年就要退休了。他的合夥人對企業未來有更多想法，想要重新調整發展方向，於是詢問他：「對於企業未來三、四年的發展，你怎麼看？」這位資深經理人應該平鋪直敘地表明他未來幾年的目標，但當他聽到「接下來三、四年」的時候，他的第一個想法是：「到時我已經離開這裡了。」第二個想法是：「到時我也不需要再承受這些壓力了。」兩個想法疊加所產生的結果就是，這位經理人什麼也沒有說，或者故意把事情複雜化，表達變得含糊不清、遮遮掩掩。

他的合夥人這時候該怎麼做？他必須當下就要求對方明確化，別無他法。如果等上三、四年而什麼也不做的話，那就只能在危機中掙扎求生了。

▼如何看待清晰表達

德國達威力集團（Stahlwille）執行長
溫弗瑞德・科茲爾瓦（Winfried Czilwa）

溫弗瑞德・科茲爾瓦是德國頂級企業管理者，經常出現在商業媒體頭條中。

一九八六年拿到工程碩士學位後，任職於德國電器公司AEG。在接下來的十年裡，他在所屬企業的國內外各部門擔任過不同的管理職務。一九九六年，溫弗瑞德・科茲爾瓦成立德鐵汽車列車（DB AutoZug GmbH），這是隸屬於德國鐵路股份公司（Deutschen Bahn AG）的一家子公司。在他的領導下，企業透過現代化的汽車火車混運方式和夜間旅行系統，創立了德國鐵路旗下的「假日特快」（UrlaubsExpress）與「德鐵夜車」（DB NachtZug）兩大品牌。一年後，科茲爾瓦兼任城市夜線有限公司（CityNightLine AG）駐蘇黎世負責人。

二〇〇五年，這位經驗豐富的管理者加入好樂（Hohner）樂器製造公司出任商業負責人。溫弗瑞德·科茲爾瓦企圖穩定企業狀況，卻遭到了來自董事會的阻力。公司員工對這樣的局面表示遺憾，並公開贊許：「科茲爾瓦證明了一名管理者既可以在商業上取得巨大成功，也可以做到對他的員工們通情達理。」（《施瓦賓地方報》〔*Schwäbische Zeitung*〕，二〇〇六年）

二〇〇六年，溫弗瑞德·科茲爾瓦加盟德國 Hailo 公司，整合了 Hailo 公司的梯子生產部門與利快（Leifheit）公司的折疊梯部門，同時將利快的蒸汽熨斗部門獨立出去，並持續推動 Hailo 的梯子與垃圾桶製造這些核心業務。二〇一四年春天，他加入德國一流工具製造商達威力（Stahlwille）公司，擔任該公司董事會主席一職。他已婚，有三名子女。

發言核心

↓舊的模式有可能被新的、明確的方向所打破。
↓應用因果關係的原理。
↓在困難時期，員工們需要戒除某種「清晰表達」。
↓明確性可以幫助公司從危機轉向穩定。
↓將明確性作為企業文化的公司，會不斷加強內部凝聚力。

當公司處於「不平衡」的狀態中，有問題也不會被談起。只有當「明確性」成為企業文化之後，才會有人願意針對之前積存下來的種種不合理狀況暢所欲言。只有當所有人對公司狀況都十分瞭解的時候，才會發生改變，而且變革計畫也更容易安排進日程。不要鼓吹

「因為沒有人清晰表達，所以公司狀況變壞了」這種論調。不同的企業陷入危機的觸發點各有不同，但當某一不利現象被察覺的時候，往往會被忽視，而且大家都心照不宣、閉口不談。這種情況大多會持續一段時間，導致企業員工會以各種方式妥協。

員工對企業的問題視而不見，壓抑著清晰表達的意願。公司若想擺脫這樣的局面，就必須透過清楚談論問題這個方法，來做到明確地表達。我不認為問題可以被避免，因為我們生活的意義就是為了解決問題。只有當所有參與者清楚地知道障礙在哪裡，才能找到更好的前進方向。這就是一種明確的企業文化。

明確性對於修正一個問題的複雜性是非常重要的。必須將不同的主題逐個分離，並按照優先順序分門別類。首先集中精力處理最緊迫的任務，隨後按照層級完成接下來的任務，如此一步一步進行下去。此外，複雜性是無法避免的。

通常情況下，管理階層要盡可能地降低複雜性。但更重要的是，要能把握這種複雜性。如果做不到這一點，最終面對災難的時候，特別是同時還伴隨著艱難的財政狀況時，是很難挺過去的。答案還是要回到明確性上來。當人們放棄明確性，採取了委婉表達和逃避責任，又或者以含糊不清的意圖進行解釋的時候，企業最終將走向破產邊緣。與其放任混亂產生更多混亂，我會在一開始發現苗頭不對就採取行動。

在複雜的商業環境中，最有效的解決問題方法就是指明一個方向：「沿著這條路走下去！」當然過程中還是要經歷一些困難。以前通常的做法是老闆指示一個方向，其他人都要遵從。有時老闆是正確的，有時則是完全錯誤的。現在的公司採取了不同的決定方式，決策過程中相關人員都有責任參與其中。最重要的是，最終所採用的方法是被大多數人所支持的。這就要求員工對於決定必須負起責任，進而對員工進行有意識地整合。在一個確定的時間點必須要得出一個決定，而不要在某件事上爭論不休。在保證明確性的情況下，公司中的每個人都應該知道這個由我們共同做出的、指示著未來發展方向的決定。在保持明確性的情況下，澄清所有問題。順便一提，「澄清」也包含在「明確性」這個詞當中的。

員工們應該對將面臨的阻礙有清晰的瞭解。我稱其為「戰略」，儘管這已經是教科書上經典的概念了。但為什麼雖然使用了戰略，卻只流於表面而沒有真正理解，沒有達到足夠的清晰和具體，最終導致失敗？

因為缺乏明確性會產生大量的協調費用，為此必須在不同的部門中瞭解員工們的想法和觀點，可能還要向專家諮詢確認，進而導致各種會議！來來去去無休止的討論，決策過程舉步維艱，最終形成與明確性完全相反的結果。事實上，有著嚴重問題的公司往往有著特別多的會議，他們的員工會由此感受到巨大的壓力。

我們也可以選擇完全相反的做法：讓企業擁有一個明確的架構，減少會議，透過明確性來減少多餘的溝通，讓企業裡的每個人都知道任務是什麼。

清晰的企業架構會提高工作效率。減少的會議量代表著自動增加了工作時間。時間是企業中最珍貴的資源。這代表著那些重新獲得的時間，可被用在例如探索有關生產過程、產品種類和加工工藝的革新上。

在缺少「清晰表達」的企業文化下，不正確的溝通佔據上風，寶貴的時間也都被浪費。然而，眼前迫切需要的是定義新的市場或者開發具有競爭力的產品。局勢的發展不會等人，最糟糕的是，當結局近在眼前的時候才發現，無法成功的原因是缺少革新的力量，在於缺乏透明度和缺少對公司未來發展方向的展望，特別是缺少明確性！

缺乏革新動力的另一個可能性是令人困惑的企業運作方式。在企業中，很多情況會造成不必要的流程，形成干擾。例如，無法如期交貨給客戶，是因為企業沒有管控好內部的工作進度。不要驚訝，他們確實沒有時間！企業內部的流程變得模糊和混亂，進而就會發生阻塞。對此我們首先應該進行流程優化，以重新獲得明確性。只有這樣，對「創新」這個主題才能進行更深入的討論。但在創新的起始階段，所有人都全心全力為日常業務操勞的話，是沒有太多益處的。缺乏創新能力可能是因為惡劣的市場狀況，但這原因之下的根本，是要從管理方式上消除不明確的因素。所以，我們應該從因果關係上進行分析。

如何達到「清晰表達」這個目標？或者說，怎樣才能使一個企業擁有這樣的文化？最基礎的一步，就是要領導者以自身清晰明確的態度做出榜樣。第二步，必須要求所有的員工接受這種文化。這不是勸告或者推薦，而是所有人「必須」去做，因為直言不諱往往不是那麼讓人舒服的。

做不到直言不諱往往是由於很多人認為這是私人問題。但在企業順利發展的路上這是一塊絆腳石。在我們的人性中，經常有太多像含羞草一樣過於敏感的態度阻礙著清晰表達的進程。因此，想要創建清晰表達的企業文化，有一點是不能忽視的，就是必須學會尊重事實。

在企業中，推行和鼓勵明確性這種文化，最終將會擁有一群有上進心的員工和良好的工作氛圍。在這種氛圍下，最優秀的生產力、創新力都將有一席之地。這些關鍵的基本要素可以確保一家企業的競爭優勢。

明確是清晰表達的首要原則

溫弗瑞德・科茲爾瓦的發言說出了我的心聲。我的想法和他完全一樣，並且也有著相似的覺察。令人興奮的是：科茲爾瓦是個性格內向的人，他的明確性是透過訓練得來的。他掰開揉碎地去分析現有的格局，發現在他所經歷的危機中，九成的人不具有明確性。對此，科茲爾瓦渴求著明確性。

溫弗瑞德・科茲爾瓦知道，明確性不會自動解決問題，就如同欠缺明確度並不是問題的必然原因。但他也知道，明確性是解決問題和把握機會的前提條件。

他對明確性的認識令人印象深刻，就如他在發言中要求的：

最重要的是，最終所採用的方法是被大多數人所支持的。這就要求員工對於決定必須負起責任，進而對員工進行有意識地整合。在一個確定的時間點必須要得出一個決定，而不要在某件事上爭論不休。

在我眼中，溫弗瑞德・科茲爾瓦與那些虛偽的中小企業領導和獨斷專橫的老闆絕對不一樣。他不會極為草率地提出一個想法，就如同在網路的搜尋引擎上尋找答案一般，然後說：「就這樣去做。」溫弗瑞德・科茲爾瓦是一個對問題有所思考，需要時間去琢磨的人。當他對自己做到了明確性，確立了屬於自己觀點的時候，才會帶著所有人一起開始行動。對此，他有足夠的耐心。

例如，當初我想在他以前的公司進行一次「清晰表達日」的活動，他公開地表示：「這個主題還需要兩到三個月才能進行，大家還沒有準備好，我們還沒做到上下一心。」

對此我表示同意。這也說明了一個重要的原則：只有企業高層清楚狀況是不夠的，只有一小撮坐在高級公務車中的優秀企業顧問們的展望也是不夠的。明確性與所有人都息息相關。

在當今的工作環境中，願意主動發表自己想法的人越來越少，大部分人只想被說服，被其他人用明確性來說服。

經過充分調查與研究後的決策想要有好的效果，就必須使所有人領會到這是個機會。如果有大量員工持有異議，那麼這個方法就行不通。

現在在很多企業中，特別是集團型企業當中，往往勝利者可以向他人宣揚自己的觀點，而失敗者只能閉嘴。失敗的情緒不斷發酵，有些人甚至會進行報復。在企業併購案例中，公司新任領導者在推行自己戰略的時候，往往能觀察到這種情況。背後的邏輯是：作為成功者，我的戰略更好。但是，未來的發展方向不該根據過去的輸贏來決定。

在任何情況下，每個人都應該有責任感。溫弗瑞德・科茲爾瓦有意識地保持著有話直說的生活方式，並以自己為表率，要求團隊中所有人做到這一點。同時，他自己也保持著個人的日常目標，始終與所有人共同前進。

明確性代表：每個人都有目標，每個人都知道自己的工作是什麼。在理想情況下，每個人都應知道公司未來三年的發展趨勢。結果是，再也不用開會討論細枝末節的小事了。在明確性無處不在的情況下，大多數時間會議室甚至可以對外租給瑜伽訓練班，因為幾乎已經不需要它了。

結論

沒有明確性就沒有清晰表達。明確性來自於深思熟慮的觀點。只有事先思考過的人才能做到有話直說。如果我想擁有一個深思熟慮的觀點，就必須將不同主題進行分離並重新組合。然而，只有自己擁有明確性還不足夠，還需要引領和影響其他人。建議企業都想辦法讓所有人明白這是一個機會，瞭解明確性的力量。

第五章

清晰表達第二原則：誠實

每當談到誠實，人們的印象始終是有關於倫理和道德，這並不正確。誠實與生產力有關，且有助於人際溝通和思想的進步。在缺少誠實的企業中，解決問題的時間就會被延長。在擁有誠實和清晰表達文化的企業中，問題會馬上被拿到檯面上來，使其順利得到解決。

在任何情況下，誠實都是「清晰表達」的基本先決條件。

——「商報線上」總編輯　奧利弗・史托克

在開始談論誠實之前，先說說謊言。哪裡最容易撒謊呢？有句老話是這樣說的：法庭上、婚姻登記處以及葬禮上，充斥著最多的謊言。而前德國首相俾斯麥（Bismarck）的說法是：選舉前、戰爭中以及被捕後。

大多數人都在面試的時候撒過謊，但他們當中很少有因此被解雇。那麼，現在請想像一下，如果在面試中有一位誠實的人，誠實到近乎殘忍，會是怎樣的情況？

Karrierebibel.de 網站的部落客約亨・麥（Jochen Mai）收集並公開了一份針對面試問題過分誠實的回答。以下是一些範例：

提問：你怎樣看待自己接下來的五年？

回答：欸，這是什麼鬼問題？我們都知道：五年後，我只想躺在地中海海邊的沙灘上，喝著你為我調製的雞尾酒。

提問：你工作時喜歡團隊合作還是獨立工作？

回答：近幾年來我發現，自己完全不喜歡工作。在團隊中，我只想將任務分派給其他成員。

提問：說說你自己吧！

回答：我想，我已經把個人簡歷交給你了，你沒有讀完？

提問：我們為什麼要錄用你？

回答：因為你可以將我碩士論文的研究結果，賣給你的客戶。而且，過去兩年我能夠為了六百歐元的月薪，以實習生的身份工作。

面試中的經典提問：你最大的弱點是什麼？

回答：以前我是大衛・赫索霍夫（David Hasselhoff）[7]的頭號歌

7 德裔美國知名演員，曾出演《霹靂遊俠》李麥克一角色。

迷，但現在卻改為沉迷在米歇爾・溫德勒（Michael Wendler）[8]的音樂中。

對於最後那個問題的「誠實」回答也可以理解為：我懷孕了。

好吧，做個區分：「誠實」與「過分的誠實」。對於清晰表達來講，誠實就足夠了。

誠實不代表一股腦地說出那些未經過濾的，突然浮現在腦中的內容。說真的，沒必要說出全部的想法，說出來的內容剛好能說明我們所思考的即可。

一個人若在所有事情上都喋喋不休，一定是令人討厭的。將腦中所想的各種雞毛蒜皮小事不停地傾訴給別人，那不是清晰表達，而那些被透露出來的個人隱私也不是「清晰明確」所需要的誠實。不過，誠實的確代表著要不斷地冒犯他人。當談到第五個，也是清晰表達的最後一個原則——「同理心」時，我們會再回到這個話題上來。

誠實，代表別人知道他們自己的位置，與此同時，他們也想知道他們與我的對應關係。我應該向他們提供必要的資訊，不應該有任何隱瞞，也不應該選擇性地描述，否則會產生誤會。

但這種誠實會造成傷害。在大多數情況下，如果有人對某種狀況或某人做出了錯誤的期盼，那麼現在就必須糾正。

舉個面試者的例子，他已經通過兩輪面試，非常有希望得到這份工作。看來一切都很順利，但最後他沒得到這份工作，理由如下：「我們對你做出這樣的決定，是因為你在這一領域還沒有足夠的經驗。」這份拒絕是誠實——而痛苦的，但它誠實得並不過分。比這更糟糕的是，面試者被搪塞過去，或者被隱瞞了真正原因，這樣的話他就會一直糾結於為什麼沒有被錄用。這誠實而痛苦的拒絕是有用的回饋。面試者可以反思自己，積累更多的經驗，在接下來的時間裡繼續

8 德國知名民謠歌手。

努力，找機會應聘更好的工作職位。

誠實是所有人際關係的基礎

為什麼沒有誠實就沒有清晰表達？當我問自己這個問題的時候，首先能夠確定的就是，誠實是人際關係的基礎。雖然在夥伴關係、朋友關係、雇傭關係、商業關係和客戶關係中存在著不同，但這絲毫不影響誠實本身。誠信是所有關係的基石。

誠實建立信任。如果在企業中缺乏誠實，就會失去相互信任與相互尊重。在被不信任的氛圍所籠罩的地方，是不可能存在清晰明確的。由於身份和職位的關係，很多人的發言都經過了三番五次的篩選，這其實等於什麼都沒有說。

律師、官僚、政客們的發言，往往無法產生信任。每個人都知道，這些無可辯駁、冠冕堂皇、嚴謹審慎的發言缺乏真誠。當組織普遍存在著不信任，那麼無論工作項目是什麼，都無法藉由清晰表達，獲得實質的參考。

如果人際關係一直處於良好狀態，那一定是因為人們彼此信任。信任是我可以相信某人所說即所想，並且他會按照說的去做。信任代表著：我可以相信某人是表裡如一的。

我關注到人際關係中的一個問題。這個問題在商業關係和企業中也特別常見：很多人害怕展示真正的自我。他們將自己置於舞臺之上，欺騙著其他人。他們是浮誇者，是演員，是藝人。

可能你已經注意到這種情況：有些人不斷宣稱自己是如何強硬與堅韌，但在危機真正來臨時，卻很容易就情緒不穩，甚至直接跑掉。反而是一些比較不顯眼的人，在困難時期卻能保持著平靜和對全域的觀望。原因其實很簡單：大多數的角色扮演只適用於順境，當困難來臨之時，面具就掉了下來。

害怕展現真面目的心態，成為不誠實的溫床。那些角色扮演的人，那些戴著面具的人，他們無法做到有話直說，因為他們將所有的時間都花在讓自己真實的一面不要暴露。

當我自問，為什麼誠實就這麼難以實現的時候，總是會回到「害怕」這個話題上來。害怕會引起不滿，會暴露真實的自己。害怕其他人只是在等待自己說錯什麼話或者犯什麼錯誤。最終，害怕於失去權力，恐懼於失去特權。

我曾與一家擁有十幾位管理者以及近千名員工的企業合作共事。我感覺到他們當中有許多人充滿了害怕和猶豫，認為若公開地說出真實的想法，或許明天就會丟了飯碗，浪費了過去幾個月的業績，以及公司的那輛配車。

我非常欣賞湯瑪斯・曼（Thomas Mann）[9]的一句話：「一句痛苦的事實，也好過一句謊言。」

當然，無論是誰，在表達那些令人不快的事實的時候，都應該保持公正。

誠實並保持公正

過分的誠實是魯莽的，有些人甚至不先想一想，他的話會引起別人什麼樣的反應。在最壞的情況下，過分的誠實是不公平的。有些人只是隨意地說出他當下所想的，卻完全不恰當的內容。泰勒・曼森（Taylor Momsen）[10]曾說：「我的父母責怪我的行為。」那也許是她的真實想法，然而並不公平。因為她的父母保障了她所有的，不論是生活中還是作為演員和歌手的成功路上所需要的東西。

誠實與公正是一體的。在商業領域，如果無視這兩者，就不可能做到清晰表達。

我最近看到一個例子：一位經銷商委託一家新興的ＩＴ公司編寫一個包括線上商店在內的全新網站。結果讓所有人都很滿意：網站看

---

9 德國小說家和散文家。

10 美國著名女演員、模特兒與歌手，因熱門影集《花邊教主》（*Gossip Girls*）而為人熟知。

起來很酷，線上商店系統使用者體驗也非常好。只是在應該由誰來主持和管理網站的問題上尚有分歧。這家新興的ＩＴ公司很希望能接手網站的管理，因為是他們編寫了一切，是最合適的人選。然而，經銷商公司內部已有一大批專職的ＩＴ人員，他們認為：「我們有足夠的伺服器與足夠的人手，因此，網站與線上商店應該由我們管理。」從商業角度上他們認為：「這很有意義而且可以節省資金。」最終，他們決定採用這種方式。

但是，幾周後卻發生了一起較大的信用事故：線上商店發生系統錯誤，但經銷商這邊沒人知道問題出在哪，訂單一片混亂。ＩＴ部門的員工們抱怨那家ＩＴ公司編寫的程式就是一堆「廢物」。緊接著，憤怒的郵件和電話從經銷商這裡湧向了程式設計公司。程式設計公司非常冷靜，他們首先嘗試在自己的測試環境中尋找故障的原因，然後準備查看經銷商的伺服器上出現了什麼問題，可是他們卻遭到拒絕。經銷商內部的ＩＴ員工是這樣回答的：「拒絕訪問！我們神聖的伺服器不允許你們這些小丑染指！」對此，程式設計公司的人員只好說：「那麼我們也看不出是哪裡出了問題，無法判定是軟體運作上的問題，還是資料庫連結錯誤。」

經銷商的態度無助於找出解決辦法，只會讓衝突升級。例如，經銷商的ＩＴ員工們批評網站的細節，但三周前他們明明對此贊賞有加。對於事故原因的討論陷入僵局，沒有人清晰明確地發言，取而代之的是更深地挖掘當時進行該項目時的歷史經過，一旦找到把柄，就又開始了另一層面的指責。

你對這樣的情況感到熟悉嗎？類似的例子我還可以舉出好多個。

在上述例子中，經銷商應該意識到是自己決定自行管理網站，應共同承擔確保網站正常運行的責任，而非一股腦責怪程式設計公司，這樣才是誠實與公正的。

誠實意味著，某人如果想描述一個準確的形態，就要向其他人表達出所有的相關資訊。因此在上面的例子當中，公司內部的ＩＴ人員應該清楚提供所有資訊，包括做了哪些更動，不該有所掩蓋或者粉飾太平。但這些內部ＩＴ人員過於自負，認為沒必要與那些二十來歲的「書呆子」多說些什麼。

這些程式設計公司的年輕人當然也必須保持公正。即使經銷商已經對網站的方案表示贊同，他們仍必須對之後可能發生的風險進行強烈的警告。如果他們公正的話，即使問題不在其職責範圍內，也應該努力尋找解決方案。

若執著於追究於到底該由誰負責，那這個討論將沒完沒了。無論事情的真實狀況為何，我們先放棄所有旁枝末節的分析，並作一個簡單的假設——雙方都對發生的問題負五十％的責任，並在此假設的基礎上，再進一步探尋解決辦法。

也許你會反駁說，人的情緒有時候會變得非常激烈，怎麼能要求隨時都做到公平？

在寫這本書的期間，我參加了法蘭克福書展。前總理赫爾穆特・

科爾（Helmut Kohl）[11]在書展上出現，引起媒體大肆報導。為何要這樣？其實這都是為一本即將上市的新書造勢。也許你還記得：科爾曾於九〇年代陷入政治醜聞，因此辭去了所有職務，並請歷史學家海利貝特・施萬（Heribert Schwan）為其代筆撰寫回憶錄。施萬對科爾進行超過六百個小時的訪問，兩人之後因訴訟分道揚鑣。施萬根據自己所掌握的採訪摘要出版了《科爾實錄》（*Die Kohl-Protokolle*）這本書，對於科爾來說，這真是個極糟的狀況，他沒有及時透過法律手段制止這本書的出版。

雖然後來出版商不得不刪掉部分段落，但已經太晚了，網路上已經出現了很多對書中內容的引用。例如在 Stern.de 網站上登載了科爾涉嫌侮辱他的政壇好友——前部長諾伯特・布魯姆（Norbert Blüm），說他是「叛徒」。前聯邦總理查・馮・魏查克（Richard von

11 德國政治家，對東西德統一與歐盟體系做出巨大貢獻。晚年捲入非法政治獻金醜聞。

Weizsäcker）則是「刪除了自己的智商」。梅克爾（Angela Merkel）被描述為「無法正確使用刀叉進餐」。

這本書是否被授權出版，已無關緊要。這不是有話直說，也不是過分的誠實。這是不公正！

即使在最糟糕的情況下也要保持公正。顯然，科爾在進行訪談時正在經歷人生最糟糕的時刻，他對那些將他送出政壇的政治人物感到憤怒，但這並不代表他有權稱諾伯特・布魯姆為「叛徒」。毫無疑問地，私人談話中可以發洩不滿，但施萬引用的內容並非私人談話。此外，一旦談論的內容不屬於私領域，人們就必須自問：「我有權將其個人化嗎？」在大部分的情況下，包括政治領域，答案是否定的。

顯然，在政壇和新聞界保持誠實與公正是相當困難的。不過我認為，再難也要堅守底線，而且持有此觀點的絕不只有我一個人。

▼ 如何看待清晰表達

「商報線上」[1]總編輯
奧利弗・史托克（Oliver Stock）

奧利弗・史托克出生於一九六五年。在大學主修歷史與經濟學，之後到《漢諾威日報》（*Hannoverschen Allgemeinen Zeitung*）實習並開始了記者生涯。緊接著是他在職業生涯中的幾個決定性的變化。首先，史托克成為薩克森州（Niedersachsen）經濟與交通部的發言人，二

1 為德國《商報》（*Handelsblatt*）官方主頁，所刊登內容在德國工商金融界都有著極強影響力。《商報》於一九四六年創刊，是德國工商企業界人士必讀報紙，被譽為「德國的《華爾街日報》」。

〇〇〇年加入《商報》，負責專欄。二〇〇三年底成為駐蘇黎世記者。二〇〇八年夏天成為財務部門負責人。二〇一一年八月，史托克成為「商報線上」的總編輯。「商報線上」官網在隔年二月即達到一六八〇萬的瀏覽量。二〇一三年，在他的管理之下，網站開始盈利。奧利弗・史托克已婚，育有三子。他寫過很多書，包括《大陸集團的企業發展史》（*Unternehmensgeschichte der Continental AG*）、《瑞士企業領袖肖像集》（*Porträtsammlung über Schweizer Wirtschaftsführer*）等。

發言核心

↓清晰表達是一個有關文化與思想的問題。

↓人們有明確發言的權利。

↓加入自己的想法總是簡單的。

↓生活並不是非黑即白，而是多姿多彩的。

↓權謀和清晰表達是不同的。

沒有人會聲稱自己的表達讓人難以理解，或者講話不清楚。大多數人都認為自己講話「清晰明確」，但真實情況卻並非如此。當人們進到一個更大的、擁有內部關聯的圈子中，或者涉及複雜問題的時候，更容易表達明確的言論。而當人們處於陌生環境或不熟悉的狀況中時，在缺乏聯繫的情形下，則很難用適當的語言「直截了當」地表達。

此外，還有巨大的文化差異問題。根據我的經驗，德國人幾乎很少用「不」來表達困難。美國人則喜歡明確的態度，會嘗試將所有內容都用更積極、柔和的態度表達出來。在日本，則幾乎不可能將「不」清晰地表達出來，日本人認為，對商業夥伴不加掩飾地表達「不」是一種深深的侮辱。因此，我們可以假設，「清晰表達」是具有文化背景的。

假設「清晰表達」是可以被人所理解的。那些與我們相關的人有權利知道我們的主張。在一場討論中，不同的觀點可以被闡明和交流。這是對文化的理解的一部分。

「清晰表達」的最終結果是不同的觀點可以被理解，參與討論的眾人可以在衡量利弊後，做出決定。如果討論之後仍是一團混亂，沒有任何結論，就代表參與討論的成員們沒有做到「清晰明確」地表達。

在任何情況下，誠信都是「清晰表達」的基本前提。在不坦誠的情況下，個人是否會從始至終地擁護自身提出的想法，都是未知的。人的態度可能會隨著時間的推移產生改變，但不應該是因為階層結構或壓力所導致。最重要的是，在一個明確的時間段內，參與討論者要相信自己所表達出的觀點，否則就無法談論規劃和決策。

誠實與事實必須區分開來。誠實是比較主觀的，事實則是在一定範圍內可以確定的客觀情況。因此個人的誠實，主觀的印象不必與客觀的事實相吻合。所以當我感到不舒服的時候，可以將主觀的、完全誠實與確實的感受表達出來。

這種說法基於一個事實，新聞自由乃至於新聞業是民主的第四大支柱。當這份自由被例如濫用權力或者過度的個人利益所動搖，特權思想將會從內部危害民主。人為地建構和誇張的媒體曝光，將損害其中立性與人們的信任度。

如果想要有所作為，擁有新的動力，那麼建議你使用經過深思熟慮的「清晰表達」。用充滿力量的明確言論直擊他人內心敏感的思考區域。根據過去的經驗，我們已經學習到，直白的「撞擊」基本上是不夠的。「清晰表達」是經過思考評估的，對於所面臨的狀況具有敏銳鑒別力，但也必非總是無往不利。

明確的言辭可以使工作流程運行得更加簡單迅速，使下一步進展成為可能。但在某些情況中，清晰明確的表達會受到阻礙。因此，每個人都必須問自己這個問題：「究竟是明確直白地發言還是策略性地表達，才可以貫徹我的觀點？」

加入一個想法總是簡單的，困難的是加入針對某觀點的反對意見。除此之外還有第三種可能，建立一個新的觀點並以此形成自己的看法。通常，人們從某一角度支持某些事，又從另一角度表示否定。我們可以透過從不同的角度分析來更好地發展自己的想法。在我看來，這第三個變化結果是想法架構的巔峰之作。這並不容易，它需要經驗、紀律，以及總是要再次面對自己，和為自己的想法去奮鬥的決心。

有話直說是典型德國式作風

我同意奧利弗・史托克的主張：清晰表達是擁有文化背景且存在著巨大文化差異的。面對日本人，你不能簡單地用一個「不」就給他重重一擊，因為在他的文化脈絡中，這是很不敬的事。不過我寧可相信，「殘酷的事實」這個命題是典型德國式的。世界各地的人們都期盼誠實、公正以及明確的責任，而這一切都體現在「清晰表達」當中。在我看來，我們必須將文化背景與人性中的核心部分區分開。德語中的「清晰表達」與英語或法語中的「清晰表達」是有所不同的，而在日語或中文當中，也是有區別的。但它始終是「清晰表達」。在各自的文化背景當中，這個見解代表著清晰的、經過深思熟慮的、誠實的、勇敢的、熱情的以及富有同理心的。

史托克刻畫的美國人的特徵是正確的，正如他所描繪的，大多數美國人比德國人更加有溝通手腕。在美國，人們更重視那些批評中的積極面。我在網上找到了美式英語中對於「清晰表達」的一種解釋：to talk turkey.（打開天窗說亮話）。當你下次在矽谷與人談論事情的時候，嘗試這樣說：「Okey, guys, let's talk turkey.」（然後請你寫封郵件給我，告訴我發生了什麼……）

清晰表達是一種通用的原則，而誠實是基本前提。畢竟這個世界上沒人喜歡被欺騙，無論你的文化背景為何，都不會喜歡不誠實。

舉個例子。你在一場會議中發言，在場所有人也都對你表示贊同。但當你蹲在廁所隔間裡的時候，卻偶然聽到兩名與會人員在洗手檯邊議論，覺得你所說的一切都是胡說八道。你完全有理由感到震驚。我相信，世界上任何一個人都會有這樣的反應。

不過，每當談到誠實，它給人的印象始終是有關於倫理和道德。這並不正確。誠實與生產力有關，對人際溝通和思想的進步都有影響。在缺少誠實的企業中，解決問題的時間就會被延長。你還記得那個經銷商、程式設計公司和線上商店的例子嗎？一整個星期裡問題都在衝突邊緣被討論著，只是因為一些ＩＴ人員不想誠實地說出他們究竟做了些什麼。在大多數偵探小說中，當所有人都對警長誠實地說出最近幾天的行蹤，那麼小說在五頁之內就會結束了。向所有的相關人員提問——情況解決！

在擁有誠實和清晰表達文化的企業中，問題會馬上被拿到檯面上來，使其順利得到解決。

同時，更加誠實代表著更多的生產力。誠實可以激發更多的創意。當我誠實地表達自己的觀點，而其他人也誠實地表達出他們的觀點時，問題就會暴露出來。這個問題是可以搞清楚的。也就是說，這個澄清的過程是有成效的，它可以帶來思想的進步。如果參與者不能做到誠實，那麼問題就不會被發現，也就不會被明確化，更不會帶來思想的進步。

如果你是一家企業的管理者，發生狀況時，沒有一個相關人員是誠實的，該怎麼辦？所有人只知道阿諛奉承——沒有人對你以誠相待，或者暗暗等待傷害你的機會。這時候的你，就像在鯊魚池中游泳一般。

我在第一章說過，足球俱樂部的管理者花費重金聘請顧問，負責對他們有話直說。這件事情乍看有些荒謬，但花錢聘一個外來者來對管理層有話直說，好過沒有人這樣做。必須先向著正確方向邁出第一步，才能進行後續。

這點很重要，如果誠實已經成了稀有狀態，就必須搞清楚有多少東西已處於惡劣的狀況當中。最重要的是行動起來，將企業重新帶回到正確的軌道上來。

如果你按照書中的建議去做，不久就能看到第一個結果。你會切身感受到，從長遠來看誠實是如何變成生產力。「誠實是最好的。」——連我曾祖母都知道這個道理，就是這麼簡單。

結論

誠實代表著交流，以便其他人獲得所有必要的訊息。任何內容都不應該被隱瞞，也不應該有任何資訊被有意地偽造歪曲。誠信是所有人際關係的基礎。誠實建立信任，一個誠實的人是不應該戴上面具扮演某個角色的。誠實的好處顯而易見，因為當完整的事實擺在眼前的時候，人們可以以最快的速度解決問題。此外，只有當人們的觀點可以誠實地交流，顯露出的差異能夠明確化的時候，才會帶來思想上的進步。

第六章

清晰表達第三原則：勇氣

無論是誰，勇敢地站出來，直言不諱地公開發表觀點，都是種像高空彈跳一樣的體驗。那些克服了內心恐懼和不確定性的人，會更好地應對工作中的問題。

有人為了明確而公開地捍衛自己的觀點，敢於從五十公尺或更高的地方跳下。

——企業家　約亨・史威瑟

幾年前，有句廣告語讓我印象深刻：「每一條真理都需要一位勇士。」這句話意味深長，其核心就是：清晰表達和勇氣是一體的。

清晰表達總是需要勇氣的。雖然你不需要冒著被關進監獄的風險，卻躲不過異樣的眼光和愚蠢的評論。

「我們害怕谷歌。」德國第三大出版集團斯普林格（Springer-verlag）的執行長馬提亞斯・多普勒（Mathias Dopfner）在給谷歌公司董事會中的艾瑞克・施密特（Eric Schmidt）的一封公開信中這樣寫道。他後來補充道：「我必須如此明確和誠實地發言，因為我的同事們沒有人敢公開地這樣做。」

這又是一次典型的情況：很多人都這樣想，但只有一個人會清楚地說出來。所有傳統報紙和雜誌都害怕未來的數位化，其中最害怕的對象就是谷歌。但因為缺少面對現實的勇氣，所以幾乎沒有人敢於公開地說出來。馬提亞斯・多普勒是因為財力雄厚，才敢如此勇敢地將事實說出來嗎？在《法蘭克福彙報》（*Frankfurter Allgemeine Zeitung*）上用整個版面刊登一封公開信並不便宜，但這肯定是值得的。

要勇敢地去清晰明確表達，因為這樣可以打破極限，使我們自己再次行動起來，發現新的機遇。

如果企業中有一個禁忌的話題，沒有人敢公開地談論，這將會形成阻滯，一種由於害怕而產生的僵硬。它限制了行動自由，並且極大地限制了創造性。

清晰表達的勇氣會帶來新的能量。在東德的最後時期，正是因為有越來越多的人勇敢地站出來，最終使獨裁政權走向崩潰。當一家公司裡有著無意義的禁忌，讓大多數人無法嘗試突破界限或簡單明瞭地表達時，這感覺就像猛地挨了一拳那樣難受。現在我們要拋開它，有所作為。將出現的分歧明確化，而明確化代表著進步。這不會是個愉快的過程，但一定是值得的。

每當我要說些或做些什麼，都需要勇氣來面對風險。很多東西都會帶來麻煩，危害我的健康，讓我覺得尷尬，抑或是使我感到屈辱。

雖然存在著阻礙，但我們還是要繼續前進。

「勇氣」指的是：某些事我不太感興趣，但仍然會去做。我開口講話，而非閉口不言。我主動出擊，而不是被動地等待。

越是害怕，就越是困難。邏輯上，恐懼會在腦中形成影像：我們會想像所有可能發生的情形。害怕，是我們腦內電影院中最勤快的生產者。遺憾的是，它也是最沒有創造性的。在我們腦中上演的恐怖電影，是片面的、扭曲的、失敗的，但也是完全不切實際的。

勇氣總是恐懼的對立面嗎？

開始探究「勇氣」這個主題時，我問了自己這個問題。乍看之下，勇氣似乎總是恐懼害怕的對立面：首先我感到害怕，然後才會變得有勇氣去採取行動，最終恐懼感消失了。但如果勇氣真的是恐懼的對立面的話，那麼勇敢的人就應該從不害怕。

我曾經提到，在寫這本書的時候我參加了法蘭克福書展，被譽為史上最偉大的登山運動員的萊茵霍爾德・梅斯納爾（Reinhold Messner）也在那裡。他在展位前接受媒體採訪時，說了這樣一句話：「如果沒有恐懼，那我早就死了。」

梅斯納爾絕對是最勇敢的人之一，但他並不是不會感到害怕，而是將恐懼作為預警系統，以此來保持淡定從容的生活狀態。那麼，勇氣總是恐懼的對立面嗎？

我查了一下，關於「勇氣」這個詞條，維基百科是這樣寫的：

> 勇氣與恐懼看上去是矛盾的關係。勇敢的人是無所畏懼的，至少是很少有恐懼感的。但這種想法並不符合心理學上的事實：害怕、恐懼與勇氣相互形成對照，但並不互相排斥，反而相互補充。
>
> 如果將勇氣視作驅動因子，恐懼視作制動因子，在保持勇敢的情況下，兩者必須如同理性地駕駛汽車那樣，找到均衡。為了保證行為能力，勇氣能克服無根據或過度的害怕。另一方面，恐懼的任務，是

對不負責任的行為發出警告。勇敢的人表現出的行為能力都處於極端的「魯莽」和「畏懼」之間。

勇敢並不代表沒有恐懼，而是不被恐懼所妨礙。幾乎每個人在第一次跳水時，都會懼怕游泳池三公尺跳板。當三公尺跳板不再是問題的時候，接下來是五公尺跳板，以此類推。

另外，我看過這樣一句話：「勇氣是行動的開始，最終到達幸福。」

想要清晰明確地表達，我們勢必離不開勇氣。毫無疑問地，在必須有話直說的時候，大部分人會因為有所顧慮而做不到。之前幾個章節我已經舉了不少例子。比如害怕失去。當一個人會失去他的工作的時候，他還會有話直說嗎？或者害怕犯錯誤。一個人先是發表了某些言論，而後卻被當眾指出錯誤之處，這對大多數人而言都是尷尬的。對此我想說：至少你開口說話了！這已經是一種進步。

在沒有清晰表達文化的地方，所有人都在關注其他人做出怎樣的反應，結果就是害怕展示自己。

例如，某員工知道問題的唯一解決辦法，卻什麼也沒有說。因為他看到老闆一直在苦苦尋找答案，害怕說出來會冒犯到老闆。

再舉個例子。我曾協助一家中等規模的辦公用品生產廠商進行了一次「清晰表達日」的活動，參與者有企業總負責人、兩位市場經理、行銷經理、顧問團主席、還有一些重要人士，以及一名正好在這家企業實習的女大學生。這本身是一個好主意，可以透過這位大學生，帶來更為純粹的想法。

在午休之前我問在座的各位：「還有人要說什麼嗎？」大家都搖了搖頭，每個人都說：「到現在為止都很明確。」好吧，我想我們可以去吃飯了。午休之後，那位大學生對我說：「對於今天上午的主題，我有些話想說。」

我認為，這是好事，但為什麼當時沒有說出來？我一直在思考這個問題。總負責人已經說過，歡迎今天所有的參與者都知無不言、言無不盡，而且我也再次重申，但並沒有人發言。

我非常直接地問她：「為什麼之前我詢問大家的時候，妳沒有說出來呢？」她回答：「我不知道這麼做合不合適。」

這是什麼意思？為什麼即使她被邀請參與「清晰表達日」，卻仍舊不能進入角色，貢獻自己的一份力？雖然這位女學生是個很大膽的人，但她還是缺乏勇氣，或者說：在正確的時間，缺乏正確程度的勇氣。

恐懼、勇敢、自大——取決於正確的程度

香港有些年輕人敢從摩天大樓的外側攀爬上去，並在三百四十五公尺高的地方自拍。在莫斯科，也有這樣一群自稱 Builderer 的年輕人，喜歡在沒有任何保護措施的情況下，攀爬上建設高樓用的起重機，直到懸臂的最前端。這只是瘋狂而已，不是這本書所要討論的勇

敢。

知名企業家約亨・史威瑟發表了他對勇敢的看法：

勇氣不像金錢或愛情，會使人永遠得不到滿足。在德語中，勇氣過多就稱為「自大」，而「自大」是適得其反的。我們必須將勇氣控制在正確的程度內。

馬上就有一個問題擺在眼前，怎樣才算正確的程度？在職場中，清晰表達的勇氣可以分為四個階段：

階段一：無為。在這個階段沒人會貿然探出頭來，所有人都蜷縮在「安樂窩」裡，因為這對他們來說實在是太愜意了。只要不得罪任何人就好！這個階段的口號是：我們對一切都表示同意。

階段二：權衡。在這階段的人們總是在觀望與勇敢之間搖擺不定，有時候敢於去做某事，有時又不敢，有時候要到中途才鼓起勇氣——參見之前「清晰表達日」那個範例中的實習生。

階段三：正常的勇氣。這個階段的人會按照直覺行事，像約亨·史威瑟那樣。他們是勇敢的，不會花費過長時間去左思右想。在他們周圍，不受階層制度限制的有話直說可以實現，並受到歡迎的。

階段四：自大。在這裡，勇敢這種優質精神變調了。安全的意識已經消失不見，警告的信號被忽略。有時候人們會迫於群體性壓力而參與到危險的事情當中。對這種狀況要勇敢地說「停」！

我曾讀過一篇報導，可說是階段四的典型例子：一宗證券交易商購買毒品的醜聞。這些證券交易商無視自己在交易所當中的瘋狂行為，依靠毒品掩蓋自己的恐懼。其實他們心裡很清楚，這些瘋狂行為會讓他們失去什麼。

對這些證券交易商我有個建議，一個讓他們既能找到刺激，又不用受毒品的傷害：去高空彈跳吧。

▼如何看待清晰表達

企業家

約亨・史威瑟（Jochen Schweizer）

約亨・史威瑟於一九八五年創立了輕艇運動產品公司，是其商業集團的基礎。在一九八七年，電影《雷霆噴射手》（*Fire, Ice & Dynamite*）中有一幕令人歎為觀止，主角從高達兩百二十公尺高的水壩上高空彈跳，引爆了大眾對新的刺激感的需求。史威瑟發現了其中的商機，於一九八九年在慕尼黑附近開設了德國第一家固定高空彈跳設施。

約亨・史威瑟持續拓展各種與極限運動體驗相關的計畫，已為各國的委託人規劃六千種案型，其中最出名的是二〇〇二年布蘭登堡門（Brandenburger Tor）的揭幕式，這次活動中的垂直時裝秀是一次巨大的成功：以「House Running」的方式，在建築物的不同立面上進行走秀和舞蹈表演。

二〇〇三年，位於多特蒙德（Dortmund）的高空彈跳設施發生死亡意外，引發企業危機。二〇〇四年，約亨・史威瑟重新開始，設立戶外冒險體驗入口網站（www.jochen-schweizer.de），並創辦販售極限運動設備的「腎上腺素」（Adrenalin-Shops）商店。他以新穎的商店概念，獲得「二〇〇八年度新人零售商」的獎項。

從高空彈跳企業到提供戶外極限運動體驗服務領域的市場領導者，並且經營著年營業額超過六千萬歐元的商業集團，約亨・史威瑟無疑是成功的。

發言核心

↓清晰表達是經濟的基本。

↓共同的體驗是每一段社會關係的「粘合劑」。

↓高空彈跳可以作為擴展意識的手段。

↓精神和經濟的獨立是基於創造性和絕對意志之上的，進而產生效率。

↓我生活在清晰明確之中，每一天。

在企業中，我們將「清晰表達」稱為透明度。透明度包括三個內容：開放性、勇氣和專注度。正常情況下，企業中每個人都知道企業的目標是什麼，每個人都瞭解自己的任務，並在過程中要提出問題。由此，我們對過程中的任何變化都是清楚的。

我們公司的優勢在於內部溝通順暢，這是透過共同的體驗來推動的。共同的體驗是每一段社會關係的「黏合劑」。我們公司主要提供的服務專案也剛好是「體驗」。每年約一百萬德國人享受我們的服務，我們提供客人一段美好而積極的回憶，他們體驗的美好時刻又會回過頭激勵公司整個團隊。員工們良好的感覺，會再透過公司內部的體驗專案而被放大。上述這些都促進了團結。

透過共同的體驗，人們發現了自我，反過來又促進了內部的溝通，並實現了開放性。由此產生的溝通交流使我們相信，我們還能做得更好。

我們提倡個性和勇氣，同時也鼓勵人們表達不同角度的想法。無論是誰，勇敢地站出來直言不諱，明確而公開地捍衛自己的觀點，那種感覺就像高空彈跳一樣。他經歷了克服內心恐懼的過程，而這種深度的經驗可以帶到每一次的會議中。在某些職場狀況中暴露出的恐懼，可以透過高空彈跳這種衝擊性的體驗來克服。因此我建議，可以將高空彈跳作為擴展意識的手段，人們可以由此學到，如何應對那些在自己控制之外的狀況。當從高空中跳下的一刻，除了一根繩子的保護，沒什麼是在控制之下的。克服這些不確定性的人，會更好地應對工作中的問題。無論是被問不愉快的問題，還是需要明確地擁護某個觀點。在這種時候，他們對想法的思考和補充，都有助於企業發展。

遺憾的是，很多人寧可蜷縮在安樂窩中。他們行事的原則是：「不為任何事冒險，就什麼也不會失去。」但生活中沒有什麼是安全的、一成不變的。生活是一個開放的，充滿不確定的領域。人們只能在危險中活著，並不斷前進。這實際上代表著：冒險可能會失去某些東西，但不冒險，會失去更多，因為沒有付出就沒有收穫。

勇氣意味著，可以在信賴自身能力的情況下前往一個不確定的領域。這種對自身潛力的信賴必須是切合實際的。勇敢的前提是害怕，過於高估自己就會有輕率魯莽的行為。勇敢與否也與性別無關。如果一位女性對自己的能力有信心，那麼她擁有的勇氣絕不亞於任何一位男性。精神和經濟的獨立是基於創造性與絕對意志之上的。我們必須努力打好基礎。

在會議中害怕丟臉就會抑制發言的衝動。但發言之後你將有所收穫，收穫了戰勝恐懼的勇氣，同時，對自己所掌握的知識更加堅定。若是觀點不被接受，或者他人的觀點比自己的更佔優勢的時候，也必須接受這個狀況。失敗也是生活的一部分。人們會學習到，失敗並不是那麼戲劇化，而是獲得自信與信任的途徑。在每次跌倒後變得更加勇敢，隨著時間推移，跌倒的次數也會越來越少。在生活中，這就是發展的潛力。為了發展就必須去嘗試。人們懷著勇氣去發揮自己的能力並最終承擔風險，這是很有意義的。最終，勇氣會對所有的——個人、企業乃至整體的經濟發展有所幫助。

在企業營運中，我們透過執行簡化過程的方法來有效地改善狀況。也就是說，我們有意識地集中在某一個項目上，努力針對某一個目標，保持這種有針對性的工作，直到取得滿意的結果。所有其他的重大變化或改進在這時都必須等待，等上一個專案結束後再來處理。我們不會在同一時刻挑戰所有的工作，而是把資源使用在眼前最應該關注的工作上，這樣才可以明確而有意識地把力量投入到可以成功的目標當中。我們要時刻問自己：「哪些項目是企業當下最需要處理的？」這是一個非常簡單的優先原則。

清晰表達對我並不算是個新鮮事，我一直是想什麼就說什麼。我寫的就是我所認為的，而且我會公開維護自己的觀點。我每天都生活在清晰明確之中，對於這個話題我從來不需要考慮。我透過清晰明確來評估狀況，同樣地，我也想要我的員工能夠如此評估我，並瞭解他們自己的位置。因為，清晰表達是經濟的基本。

總之，清晰明確可以產生透明度，員工們透過開放性的溝通，協力合作，勇敢地在企業中做出決定並全力以赴。

勇氣可以訓練

大多數企業員工都需要更多的勇氣。好消息是：勇氣是可以透過訓練獲得。人們和組織可以從階段二（權衡）發展到階段三（正常的勇氣），或者，可以首先從階段一（無為）到階段二（權衡）。一個發現問題的實習生，如果老闆完全沒有因為他的批評性意見而把他的頭擰下來，那麼下一次他會變得更勇敢。

勇氣需要鼓勵。不是每一個普通員工都必須像老闆那樣勇敢，但他需要鼓勵來堅持自己的觀點。老闆們應該是大膽發言的榜樣，他們應當以身作則地開始訓練自己的勇氣。引用前美國第一夫人艾莉諾・羅斯福（Eleanor Roosevelt）的名言：「每天做一件讓自己害怕的事！」

當然，我們不能否認的是：勇氣不會馬上得到回報。從長遠來看，勇敢是值得的，而短期看來並非如此。一次勇敢的行動，有可能會失敗。但生命本來就是由嘗試與錯誤構成的，代價有時候高一點，有時候低一點。所以我同意約亨・史威瑟所說的：

「人們會學習到，失敗並不是那麼戲劇化，而是獲得自信與信任的途徑。在每次跌倒後變得更加勇敢，隨著時間推移，跌倒的次數也會越來越少。在生活中，這就是發展的潛力。為了發展就必須去嘗試。」

這段話擊中了我的靈魂！從清晰明確的角度來理解，這代表著：如果你在第一次直言不諱的時候受到了懲罰，這很正常。但沒有理由因此而放棄。恰恰相反：清清嗓子再次大聲說出你的觀點！總是敢於直截了當地表達自己的人，都應該得到尊重。

我只想請求所有的管理階層：讓你的員工們有勇氣捍衛自己的觀點。你應該勇敢地做出榜樣，在所有的事情上給予員工直截了當的回饋，使他們也有勇氣有話直說。

結論

清晰表達需要勇氣。然而，實際情況並不總是那麼誇張。例如某人要冒著失去工作的危險來說出事實，這種情況是極為罕見的。大多只是要人們超越界限，離開安樂窩，從舒適圈中走出來！要保持一種適當的、正常的勇敢。這種勇敢是清晰表達中特別需要的，介於害怕的沉默與自大的騷動之間。同時，勇氣是可以透過訓練獲得的。

第七章

清晰表達第四原則：責任

清晰表達要以責任感為前提。如果一個人對一件事持無所謂的態度，那他就做不到有話直說。在特別高漲的責任感與同樣高漲的熱情作用下，那些空洞的言辭就沒有了生存之地。

清晰表達是一種很重要的元素，它使得人們在交往中相互尊重。

——羅斯伯格賽車隊主管 阿爾諾・岑森

我要透漏一個秘密：不是所有我邀請過的人都答應幫我的新書寫推薦語。我遭到拒絕，而且那些人只是單純地沒有興趣幫忙推薦我寫的這本書。

比如說，我認識一位來自德國南部的企業家，他的名字眾所周知。我很想邀請這位企業家為我的第一本書（關於品牌）發表一段見解，對「品牌的創立」這個話題說些什麼，因為他曾發表過與這個話題相關的著名觀點。我認為他是誠實而勇敢的，並且有足夠的同理心來為這本書的讀者寫些內容。太棒了，他符合了清晰表達的四個先決條件！可惜的是，他對我的書不感興趣，對我要談的內容漠不關心。責任感的對立面，就是冷漠。

如果一個人對一個話題沒興趣，那麼他就做不到有話直說。如果他對一個機會感到無所謂，那麼他也做不到這點。清晰表達要以責任感為前提。

只要你是自願參與某事，那麼你總是需要對他人負有某種形式的責任。越是有責任感，就越會做出更多的表達和回應。

最終每個人都會明白，在人際關係中，為什麼責任感是清晰表達的前提。一個人在一段關係中，如果想要理解他的夥伴，就要準備好隨時溝通。當一段關係走向結束，那麼就應該意識到這一點，為結束做好準備。曾經無話不談的合作夥伴變得日漸淡漠——還能怎樣？一切都會過去，我知道這聽起來並不舒服，但這就是生活。

責任感與冷漠是相對立的，但這並不代表責任感總是很棒，而冷漠就是令人討厭。我沒必要去應對某些人的廢話，我有保持沉默的權利。

就像我不能說「我不在乎我的家庭」，我也不能說「我不在乎公司」，即使公司不是我的。曾有顧問公司以員工義務為主題進行調查，結果發現：有些人對他們所在的公司並不在意，雖然他們在那裡工作，應該與他人溝通互動。這類員工被稱作「閒散員工」，毫無疑問，這種員工是真正的問題所在。

如果清晰表達要以責任為前提，那麼在企業中，清晰明確的表達就要以員工的責任感為前提。

責任感的三個等級

在企業中最低階責任感是依賴性。有人說：「我已經沒有激情了。在這裡我是最不起眼的，領著每小時八・五歐元的最低工資。但如果我辭職，就要奔波於就業中心，我不想那樣。」我稱這種為最小責任感，一種對於失敗的恐懼，或者說，由於害怕而產生更多的依賴性。從那些保持著最小責任感的人那裡，企業只能要求最小的義務和最少的交流。

比如，一堆垃圾散落在走道上，既沒有人清掃，也沒有人通知負責人將那些東西清理掉。最小責任感的人的信條就是：垃圾在不在那我都無所謂。當然，也有些人，儘管領著每小時八・五歐元的低工資，卻仍然自願清掃垃圾。這也是某種責任感。也許是他們相信清潔與秩序的價值，或者他們想要幫助自己的同事。這都屬於責任感。

我們要將依賴性和害怕，保持在最低水準。在這裡，責任感從本質上是和金錢有關係的。若你的時薪是十四・五歐元，你就需要承擔比八・五歐元的時薪更多的義務。但有些人完全不在意，他們就是對工作沒什麼興趣。對他們而言：效率和錢沒關係，或者，我隨時可以離開。

不過，請不要誤解依賴性：在某種程度上，企業家也是有依賴性的，相對的依賴。例如，他們依賴於員工的勞動，還依賴於客戶，並且大多數也依賴於投資方。之前我所說的「最低水準」並不適用於這裡。反之，我認為這一方向的依賴性是企業責任的唯一基礎。

接下來我們說說中階的責任感。當責任感超過依賴性的時候，人們就會對某些事物本身產生興趣，如某個話題、工作內容、企業狀況、某些人或者某些品牌等。這一切都來自於真實、良好、長期的責任心。這種責任感不再是基於對失敗的恐懼，也超越了金錢的因素。

最高級的責任感是熱情，代表員工是熱情的、積極的、願意承擔義務的。

我要將責任感三個等級再次整理一下：

1. 依賴性：責任感是基於某人在某個時刻沒有其他選擇的情況下，只能依賴。態度通常是冷漠的，對工作也沒什麼興趣。
2. 責任感超過依賴性：有幾個因素會增強責任感，例如感興趣的話題和與之相對應的活動，同事間的人際關係，品牌的識別度等。
3. 熱情：最高級的責任心是熱情，兩者幾乎可以完全畫上等號。在此前提下人們可以圍繞著一個主題來生活，而且無論如何都會將其放在首要的位置。

不同級別的責任感，可以用不同的方法來增強：

1. 金錢：這個階段是純粹的依賴。某人對做某事沒有興趣，要不就什麼也不做，要不就為了錢去做。

2. 主題：圍繞著一個主題去工作，在這個階段是很重要的。怎樣才能對某個活動更感興趣？怎樣使團隊變強？怎樣使品牌有更大的識別度？

3. 展望：在充滿熱情的地方，展望很重要。這會使熱情保持在活潑的狀態，並著眼於未來。

建立和加強責任感

如果清晰表達以責任感為前提，那麼有一個問題：如何塑造責任感？或者如何增強責任感？讓我們假設一下，若八十%的員工責任感處於中間水準，那麼，接下來的目標就是緩慢地去改變，提升責任感的等級。這點非常重要，因為如果員工們的責任感只能停留在中等水準，那就不會出現什麼偉大的展望或者極為聰明的榜樣。

這不是隨口說說，而是有具體實例的。其中某些實例我在很多企業中都遇到過。

一名ＩＴ員工看到關於營業稅的帳目上有錯誤。通常在大多數企業中，ＩＴ員工不會管這件事，所以他不會馬上向會計反映這件事，而是會說：「這是會計的工作，他們應該自己發現，所以不關我的事。」他的責任感還遠遠達不到主動去向其他部門的員工提出問題。

從這個例子中可以得出結論：員工對於自己的任務、自己的團隊乃至於企業整體都應該有一份責任感。例子中的ＩＴ員工明明可以對他的工作有高度的責任心，但他卻將自己的興趣與工作混為了一談。從整個公司長遠發展來看，他並不是那麼重要，由此使得他幾乎沒有責任心。反正無論如何，他可以隨時換另一家公司，從事同樣的工作，所以公司怎麼樣他都無所謂。

大多數員工，當他們處於自己熟悉的領域中的時候，最可能有話直說。這可以增強他們責任感。但對整個公司而言，他們卻並不是那麼不可或缺。

首要任務，是確保所有人對自己的工作有責任感，接著擴及團隊、部門和周遭的環境當中。之後的第二個任務，就是在整個企業內加強責任感。

任務二要艱鉅得多，因為它涉及將諸多目標整合在一起。對此你必須將所有人都納入考慮範圍之內。

當然在這一過程中清晰表達變得更加重要，這涉及要讓每個人都有負起責任的感覺，並且願意踴躍發言。

在一家真正將清晰表達作為企業文化的公司裡，不會再有冷漠可言。某人注意到對公司重要的東西就會直接說出來，因為公司對他很重要。

如何引領人們走向這個方向？

有許多不同的模式。德國 Tempus 顧問公司的企業優化模式（TEMP-Methode）就主張企業可在以下七個範疇努力：

1. 開放性的溝通
2. 找到共同思考者
3. 支援再培訓
4. 承接責任
5. 保證表達能力
6. 共同享有
7. 尊重員工

這七個階段是一步一步由低向高遞進的：第一步代表共同瞭解。共同瞭解確保了共同思考，共同思考意味著想要共同學習。一個人主動選擇深造，那麼他對公司就更有價值，也就可以承擔更多的責任。越來越多的合格員工，就能夠保證表達的順暢。老闆就能將那些成型的商業專案移交給員工執行，並透過共同分享的形式讓更多員工從企業的成功中獲益。員工也應該得到應該有的尊重，並從中獲得更多的意義。

當一家企業擁有一群熱情十足的員工，就可以節省很多資源，因為熱情是很容易感染別人的，我們在體育運動中經常能看到這樣的例子。

▼如何看待清晰表達

羅斯伯格賽車隊（DTM-Team Rosberg）主管
阿爾諾・岑森（Arno Zensen）

阿爾諾・岑森自一九九五年開始領導由芬蘭賽車手及Ｆ１賽車世界冠軍凱基・羅斯伯格（Keke Rosberg）所創立的 DTM（Deutsche Tourenwagen Masters，德國房車大師賽）中的羅斯伯格—奧迪車隊（Audi Sport Team Rosberg）。他是DTM所有車隊中唯一一位出任管理者，卻不是擁有者的人。

阿爾諾・岑森是賽車界老手，一九八〇年已是萊希納賽車學校（Lechner Racing School）的團隊經理，並監管過福特方程式 1600[1]、福特方程式 2000、三級方程式（F3）、V型超級方程式（Formula Super Vee）、Interserie 歐洲房車賽和保時捷C級等各類賽車賽事。在一九九二年成為 EFDA（European Formula Driver Association，歐洲方程式車手協會）的自由員工之前，還擔任了德國與中歐歐寶方程式錦標賽的召集人。

在愛快羅密歐（Alfa Romeo）車隊服務一段時間之後，阿爾諾・岑森於一九九四年到了 DTM，並在一年後加入凱基・羅斯伯格的車隊。自二〇〇八年起，這位賽車專家成為羅斯伯格團隊工程技術有限公司（TRE GmbH.）的股東之一。

岑森被稱作「奸詐狡猾的狐狸」，其足智多謀並富有戰略性眼光，在賽車界給人留下了深刻的印象。他很清楚人員、器材、天氣、背景資訊和商業因素之間是如何相互作用。

1 福特方程式（Formula Ford）為入門級的方程式賽車賽事，由福特汽車在一九六〇年代初期創辦。

發言核心

↓外交辭令會干擾到日常業務，在這時必須要直接說「什麼情況」。

↓明確表達是為了有機會找到解決辦法，而不是在於搞清楚是誰的錯。

↓錯誤不需責備，但同一個錯誤犯兩次是不可接受的。

↓清晰表達必然是成功的。

↓清晰明確的語氣也可以像音樂一樣，有不同的風格。

↓缺少熱情的人，幾乎不可能進入到清晰表達的狀態當中。

賽車是一項非常直接的運動。這項運動對於新技術的需求是非常實際和客觀的，此外，還需要純粹的情感。車隊用奮戰不懈的承諾與車手們一周又一周的努力來證明對這項運動的熱情，車迷們也都是看在眼裡的。儘管熱情和情感確保了每次比賽中明確清晰的指令和約定，但外交上那些空洞的言辭卻干擾了進程，在這時必須要直接說「什麼情況」。花時間在解釋說明上會阻礙成功。

在比賽進行當中，我們的溝通會非常清晰，用無線電通話時會使用軍事飛行術語，句子簡短、精確。如果車手必須要進站，只要說「Pit now」就夠了。指揮中心的指令也同樣很簡短，因為對手車隊也許會偷聽我們的無線電，所以這些短語都會被加密。賽車運動就是這樣：所謂的比其他車隊更加成功，就是取勝。

整場比賽中都充斥著這些簡短的指令，而且每個人都知道是什麼意思，然後執行。賽事中是沒有時間去做那些詳細的分析或戰略規劃，這些只能在接下來幾周內的會議中進行，這時候所有的問題都會光明正大地被拿到檯面上來討論。每個人都可以說出在他身上發生了什麼，同樣地，每個人也都可以進行批評。例如：在一次車手「進站」期間，一位機械師在裝配輪胎的時候，一顆螺帽飛了出去。為了安全使用螺帽，扳手的前端和螺帽都是有磁性的，這樣的意外不應該發生。賽車分秒必爭，一旦發生，將浪費寶貴的時間。

這樣的意外在會議中被拿出來分析：為什麼會發生這種錯誤？車隊應該怎樣做，以避免將來再發生這樣的意外？這不是責備誰，這是透過清晰明確的對話來尋找解決辦法。每個人都會犯錯，但同樣的錯誤犯兩次是不能接受的。第一次犯錯後必須要問：「為什麼會發生這種事？」只有直接指出疑難問題，才有可能找到答案，進而保證未來工作的順利進行。

明確回應問題是絕對必要的。這是學習過程的一部分，使下一場比賽的準備工作做到最好。在賽車運動中，比賽結果取決於團隊中的每一個人。清晰表達是團隊合作中一個非常關鍵的因素，在此基礎上才能建立明確的工作流程，進而快速地做出決定。在賽車中這是非常重要的，因為我們分秒必爭。

基於對賽車運動運作過程的瞭解可以得出，清晰表達代表著什麼：不要拐彎抹角地講話。想讓比賽過程正常運作，就是直接談論某些內容並一五一十地講清楚，這種溝通方式有助於尋找針對性強的解決方案。清晰表達對於成功是必需的，其他因素都排在它之後。當然，清晰明確表達的語氣也可以像音樂一樣，有不同的風格。

如果在每周的例會上，大家都從個人的角度，以很委婉的方式對那位機械師的失誤進行批評，是絕不可能對找到解決辦法、產生建設性幫助的，這對之後的團隊協作也是有害的。清晰明確的交談應該在保持同理心與誠實的基礎上，以實事求是與平等的原則進行對話。這些對話的最終目的是找到解決辦法，而不是處分某個人。

在一場比賽之後，所有的團隊領導、主管和車手會先碰頭，對剛結束的比賽進行「補遺」討論。這種情況下有時候會發生口無遮攔的對話，情緒會摻雜其中，這種時候雖然很難找到解決方法，卻能在口無遮攔的表達中發現弊病。

舉個例子：一位車手想要進站，但卻被告知他必須在賽道上再多跑一圈。原因可能是戰術上的考慮，技術問題，又或者單純只是維修站還沒有準備好。這些原因車手當下並不會知道，於是他覺得自己處境艱難。

那場比賽總體進行得並不圓滿，在賽後討論中車手脫口而出的內容是：「這一切都是狗屎！」這時候，口無遮攔主導了一切，心中的不滿毫無顧忌地表達了出來，但也避免不滿情緒被帶到下一場比賽之中。

不管是口無遮攔還是有建設性的內容，沒有熱情就不可能做到清晰明確的表達。人們必須對一件事情、一項活動或者一個想法深信不疑，才會對此產生熱情。情緒就好像一台被驅動的發動機，人們想要獨自或者作為一個團隊共同地去實現某些東西，缺少熱情，那就只是去完成一項工作而已。言下之意，如果我失去熱情，那我就幾乎不可能進入清晰表達的狀態當中。缺乏信心，同樣也不會有什麼觀點。我不在乎事情是好是壞，也就不會去想什麼解決方案。

那些擁有熱情的人，也會對他們所做的事情充滿興趣。這不僅會正面影響工作本身的品質，還會鼓舞到團隊或者整個公司。例如，若公司的實習生充滿了興奮和熱情，這種情緒會傳遞給團隊，而這良好的心情反過來又會從團隊回饋給他們。伴隨著樂趣的工作會讓人更加容易上手，也會將錯誤率降到最低，這對每個人都是最好的結果。如果發生問題，主管也會和實習生們直截了當地溝通，分析錯誤、尋找答案並實施。如果實習生沒有熱情，那可能是一個破壞性的反應，影響團隊工作的心情，從而產生不利的影響。在賽車運動中，這樣的連鎖反應會逐層推移直至造成比賽失利，沒有人會想要這樣。我們所做的這份工作包含了非常多的熱情，乃至於有些局外人會說，我們這個團隊已經瘋了。

賽車運動不只局限於周末，在接下來的一周中同樣會有非常多的工作。一場比賽之後就是下一場比賽之前。一周工作八十到九十個小時是很正常的。團隊中的所有人早上會先去瞭解當天的任務，然後開始工作，直到任務完成。在賽季期間度假是絕不可能的。此外，我們還經常四處奔波。

總之，這不是份普通的「朝九晚五」的工作。為了讓大家持續保有熱情，我們固定舉辦企業運動會，將有共同興趣的人聯結在一起。此外，我們還常常舉辦燒烤慶祝會，所有的團隊成員都可以帶著他們的家人和朋友一起參與。所有這一切努力，都是希望人們保持熱情。

熱情創造強大的責任感

所有的企業都想要熱情的員工，但很難得。熱情是企業中最強的一種責任形式。阿爾諾・岑森每天都充滿熱情地去工作，如他所說，賽車運動對於他是「純粹的情感」。對於賽車的熱情並不只是來自於車迷，同樣也來自於「車隊的不懈承諾」。在這樣的環境下，責任感對清晰表達的意義是顯而易見的。沒有人有固定的工作時間，為了成功他們付出了一切。每個人都承擔著責任，每個人都努力地交流，而且是有效的。

讓我們集中注意力來看待清晰表達這個主題。在阿爾諾・岑森的發言中我注意到：每一個熱情的人在面對這個主題的時候，都對清晰表達中令人不快的一面不那麼敏感。簡短扼要的命令不會使任何人感到尷尬。在特別高漲的責任感與同樣高漲的腎上腺素（熱情）作用下，那些空洞的言辭沒有了生存之地。像阿爾諾・岑森所描述的那樣，不只是清晰明確的表達，在賽車運動中，偶爾的口無遮攔是可以接受的。同樣地，在熱情的驅使下，員工們也會放棄一些權益。因為若認真計算實際的工作時間，這份工作薪水其實並不高，但當人們願意為工作而戰時，會願意接受這相對不利的條件。

那個「增強責任感」的題目已經完成了嗎？是，也不是。如果你擁有一支車隊和一家不會讓你覺得糟心的企業，那麼你一定會找到熱情的員工。現在的問題是：人們是否也認同品牌？我認為，阿爾諾·岑森的團隊成員主要是對賽車運動感興趣。

在DTM賽事中為羅斯伯格車隊工作的那些人，他們也可以換到阿伯特車隊（ABT），甚至乾脆加入奧迪車隊。所有的熱情態度都取決於一點，即人們是否被一個主題、一家企業、一個品牌所鼓舞。

根據我的經驗：一家有靈魂、有個性的企業，可以獲得員工認同並融入其中。因此，喚醒和培養這種精神很重要。你不需要擁有一支賽車隊，不需要成為拜仁慕尼黑足球隊（FC Bayern），也不需要成為矽谷菁英中的一員才能做到這件事。我認識一些很酷的人，他們為斯蒂爾公司（Stihl）工作，這是一家生產電鋸與其他專業農業機具的企業。這家企業創造了一個瘋狂而強大的品牌，企業中的員工忠誠度也非常高。

這樣的例子在中小企業中多不勝數，裡頭的員工們常常希望能一直留在公司直至退休。責任感的建立總是可行的，唯一的前提是：你必須瞭解人們的需求。這就涉及第五項，也是最後一像清晰表達的原則：在清晰明確的環境中，是可以發現誠實與勇氣的，同時也會找到責任感，而最終需要的是同理心。

結論

清晰表達以責任感為前提。一個人完全可以對一個主題漠不關心，並保持沉默，這是一種權利，沒有人必須對所有的事都要感興趣。責任感越強，就越容易做到清晰明確地表達。在最低的等級，只有依賴感，不會有責任心的存在，不用期盼會有多少明確直白的資訊。而在最高等級中，人們帶著熱情去做事，清晰明確地表達幾乎是自然而然的。然而，若想喚醒員工對於整個企業的熱情，那就必須要做些什麼。

第八章

清晰表達第五原則：同理心

清晰明確地表達是一門藝術，它意味著跨過他人的限度，卻又不傷害他人。真正的清晰表達是有足夠同理心的，對於每個人所面對的極限都要有足夠的瞭解。

清晰表達是一門藝術，其中包括要誠實和講述事實，還有，不要傷害對方。

——歌手及作曲人 湯瑪斯・安德斯

有些人，除了能和他人和睦相處以外什麼也不會；還有些人，能勝任專業方面所有的工作，卻和誰都處不來。哪種人會更加成功？我的論點是：在九十％的情況下，那些可以和所有人合得來的人會更加成功。

才能永遠只是成功的基礎，單靠才能是沒有任何用處的，起決定作用的是要和所有人同舟共濟。那些會帶領其他人一起前進的人可以成功，是因為他們為了目標爭取到了別人的支援。唱獨角戲是沒用的。每個人都應該在擁有一個明確的、誠實的、勇敢的、熱情的觀點同時，仍然能與他人對話。

我們來看一個極端的例子。在選舉前，總有些政客會在大街上用擴音器向路過的人們播放他們的競選宣言。幾乎沒有人停下來聽他們說的是什麼。所有人都在想：「天啊，這些瘋子們，快點離開這裡吧！」顯然，這些過於積極的政治家缺乏同理心。他們沒有替他們的目標群體著想，這裡的路人現在只想購物，而不是聽這些競選宣言。

其實並不是路人不關注政治，而是這種透過擴音器怒吼的方式，是無法引起那些走向商場的人們重視的。相反地，如果你是在銷售每瓶一歐元的餐具洗潔劑，那麼儘管放心地在商場門前大聲吆喝。不同的主題，效果是完全不同的。

根據不同的主題，聽眾總是可以聽到不同的明確表達的內容。如果你想要瞭解用哪些主題應對哪些人，就需要在開始行動之前明確一點——同理心。

同理心是一種先於他人瞭解對方的想法、感覺和動機的能力。進一步來說：同理心是心甘情願地設身處地為他人著想，瞭解他人，並適應他人。

從心理學上看，一旦覺察到自己是正確的，就必須要保持同理心。這意味著：沒有良好的自我認知就不會有對他人的正確認知。

做不到與他人同感，也不要偽裝。如果人們不能做到真實可靠，那麼接下來的事也會變得很難。我們會再次變回那種整天扮演某種角色的偽裝者。

大多數偽裝者都很擅長於操縱別人，但操縱不是同理心。如果一個人嘗試去看透別人，進而操縱對方，那麼雙方就失去了平等。

清晰表達是擁有同理心和尋求平等的。操縱別人就缺少了同理心，也缺少明確性和誠實。

所以，清晰明確地表達，平等而真實地對待意見相左的人。

要懂得選擇合適的內容

明確表達是主觀的。重要的並不是我們自己認為什麼是清晰表達，而是，我們的對手認為什麼是清晰而明確的表達。如果缺少對這個事實的覺悟，那麼誤解就在所難免。假設，一家保險公司的董事長去視察工地現場，現場有一大堆的工作正在緊鑼密鼓地進行著。董事長穿著膠鞋、戴著安全帽在工地上走來走去，沒有任何工人認出他來。有人對他吼道：「走快點兒，你這混蛋！」董事長被粗啞的怒吼嚇了一跳，他問施工負責人：「你還好嗎？大家還好嗎？這裡有出了什麼問題嗎？」

一切都好，一切都沒有問題。這位董事長只不過是無法正確地評估那位建築工人的意思。工人清晰表達的方式就是這個樣子，對此他們已經習以為常，粗糙，但由心而發。可是離開這個環境就完全不同了，會產生壓力和問題。這位來自最高層的先生並不善於應付這種情況，反而被搞糊塗了。

接下來我們做一個角色反轉遊戲，讓一名建築工人出席董事會會議。很明顯這不符合現實，但我只是做個假設。我相信那個場合會使他抓狂：這什麼鬼地方？氣氛怎麼這個詭異？每個人都冷冰冰的，沒有人說笑話，互相交談時表情嚴肅地像在參加葬禮。這些人沒事吧？

這其實很正常。董事會議上的清晰表達聽起來與在工地上截然不同，那是因為主題、周遭環境和物件都不同。

現在我還要在這個遊戲中加入一個協力廠商：一位顧問，像我這樣的角色。他簡單明瞭地和工地上的人們交談，也直截了當地和董事會的人們交談。也就是說，他和所有人交談，但會選擇講不同的內容，並清晰表達，而前提就是同理心。

人們對於其他人說了些什麼和怎樣說，會做出不同的反應。因此我必須知道以下三點：

1. 正常情況下一個人是怎樣說話的？這是日常的基調，是人們在安全區中的狀態。
2. 當一個人清晰表達的時候，聽起來怎樣？這是在表述明確言論時的語氣。
3. 對有些人來說，什麼樣的語氣是過分的，會令他們認為這是冒犯？

人們會處於何種狀態中往往還有另外一個決定因素：他們在家庭

中比在工作場所中容忍性更高。此外，在工地與在董事會中的不同，確實還存在著一些潛規則。例如，在建築工人間，一位對另一位說：「給我根煙。」另一位會回答：「拿去，你個大嘴巴煙槍！」然後一起哈哈大笑，這是相當正常的。但如果在董事會議上一位董事說：「請問能把咖啡遞給我嗎？」另一人回答：「你還是自己拿吧，你個笨蛋！」那這就完全錯了。除非這間公司馬上要解散了。

如果我們考慮到這些情況，就會發現三種不同類型的人：

1. 非常情緒化的人。這種人不喜歡說話而且很容易發怒。清晰表達對於他們太困難。
2. 喜歡斟酌的人。他們會先按兵不動，並在心裡自問：「我現在是怎麼想的？」這是一種小心翼翼地表達。
3. 全盤接受的人。這些人點頭，然後行動，即使是他們想要罵人的時候。這種人必須首先透過直言不諱來使其醒悟。

當我和團隊合作的時候，總是有這樣一個問題：什麼是平衡？我可以透過同理心來調節平衡，但必須做出妥協。在我演講時，幾乎總是有被我的這種直白的發言戳到痛處的人。這不是我能改變的，我必須以此為生。因此在大型團隊中，當被盡可能多的人接受時，對我而言是一種享受。

可以跨越界限，但不要冒犯他人

清晰明確地表達是一門藝術，它代表跨過他人的心理界限，卻又不傷害他人。我必須足夠明確地喚醒和激勵他人，但我不會侮辱那些退避的人。真正的清晰表達是有足夠同理心的，對於每個人所面對的極限都要有足夠的瞭解。要稍微越過那些界限，因為必須以這種方式才能喚起他們內心中的企望。

這通常是一種挑戰，尤其是要去改變那些常年養成的習慣的時候。我們再舉個中型企業中的例子。某人已經領導市場部和廣告部十多年了。高層現在一致認為在公司的未來發展中，必須投入夠多力量在市場這一部分，需要戰略性地對品牌進行增強。因此，除了總經理和商務經理之外，還應增設一位主管負責市場營銷。人們不禁要問，是否應該由之前那位部門負責人接任這個位置。但這個想法很快就被否決了。與此相反的是，人們認為應該從外部引入人才，從而帶來更多國際化的經驗和新鮮想法。

這位新來的市場營銷經理從上任第一天起就面臨一個問題：就是公司裡市場部的那位能幹的老主管。在公司工作多年，他和兩位高階主管幾乎平起平坐，甚至與他們二人還有很深的私交。這是個很困難的局面。當這位新任經理想要與老主管清晰明確交談的時候，他必須避免兩個極端：

■第一個極端：口無遮攔

上任的第一天，這位新晉主管就放話：現在我是這裡的老大，所以都要按照我說的去做。後果也許是：那位部門老主管很快就會感到厭倦，而企業從此就失去了他所有的知識和經驗。此外，也許他會覺得那兩位與他奮戰多年的高階主管背叛了他，因此斷交。

■第二個極端：縮手縮腳

在這種情況下這位新晉主管只是不斷地同意那位老手的想法。不是因為想法一樣，而是因為他不想吵架。後果是：他沒有帶來新的風氣，背叛了他的使命。他不值得企業支付給他的那些薪水，因為他沒帶來任何變化。

為了不落入這兩種極端的狀況，怎麼做才是正確的？對此，同理心是必需的。

正確的說法應該是：「好的，目前為止大家做得都很好。現在的成功是各位一起創造的。感謝你們的貢獻！如果我們想要在以後的日子裡取得更大的成功，那麼就必須做出改變。讓我們從今天就開始，大家同意嗎？」

除了尊重他人至今所貢獻的一切，平等也是至關重要的。平等代表著：如果你是新來的，必須要先傾聽，並一點一點地形成自己的想法。傾聽是基礎，只有傾聽，才能知道別人是怎麼想的。如果不聽進任何東西，卻想要馬上改變一切，那就做不到平等。

同理心是真正瞭解對方的前提。在之前的狀況中，新晉主管要做的是：積極尋找對話，不要等待，主動向他人靠近，直到他們敢於改變。

最後再次強調一下：立刻樹立準則，明確的表達和要求清晰明確的態度。

▼ **如何看待清晰表達**

歌手及作曲人

湯瑪斯・安德斯（Thomas Anders）

湯瑪斯・安德斯為德國最成功的商業歌手之一，唱片銷售量達一千兩百萬張。安德斯出生於一九六三年，高中畢業後開始學習音樂，一九八〇年推出了第一張唱片。

一九八四年與迪特・波倫（Dieter Bohlen）組成團體「摩登淘金」（Modern Talking），走紅國際。「摩登淘金」解散後，湯瑪斯・安德斯於一九九八年成功複出，在音樂和電影界皆大放異彩。

現在，湯瑪斯・安德斯經常為電影或舞臺劇譜曲。此外，他還經常主持電視節目，也投入不少慈善公益活動。安德斯已婚，育有一子，現居於科布倫茨（Koblenz）。

發言核心

→清晰表達的核心本質是同理心。

→口無遮攔具有獨裁的特徵。

→只有少數人有勇氣維護自己的想法。

→清晰表達是一種平等的表達。

→口無遮攔是清晰表達的攻擊模式。

一名經驗豐富的管理者，或者像我這樣有經驗的藝術家，是懂得自我管理，並取得團隊支持，掌握更多知識。儘管我知道個人的經驗是有限的，我需要依賴員工和其他人的幫助，但當要將某件事情完全確定下來的時候，決策內容應該有八十％來自於自己的經驗，剩下那二十%則從與團隊的討論中，或者和自己親近的人的交談中產生。因此，清晰表達絕對是必需的和值得追求的。多數時候，由於情況複雜，決策者只能瞭解當前的部分情況，而這種活躍的意見交換可以彌補相應的專業知識。

例如，團隊中的一員提出將我的音樂作品做一些調整，使它更適合俄國聽眾欣賞。我仔細地聽完他的建議，然後查看了相關的統計圖表，大致了解俄國音樂市場的結構，並將其與我過去的經驗相比較，以形成自己的評估。然後，我和這位團隊成員進行了一次交談，向他詢問這份提議的理由。我期望對方能夠直言不諱。這很重要，這樣我才能將我的評估與他的建議進行比較，在那之後我才能決定應該如何處理。

同理心是清晰明確表達的一項重要基本元素。它體現了這一理念的核心，劃清了清晰表達和口無遮攔的界線。口無遮攔地講話代表著：「每個人都要聽我的命令！」這種表達方式缺乏同理心。口無遮攔是清晰表達具有攻擊性的形式。這種態度不允許有進一步的討論。口無遮攔是一個進程或一場討論的最終結語。這種方式的命令具有獨裁的特徵，其真正含義是：「我是蛋糕，你們是碎屑，所以我說了算！」不過，想在特別短的時間內確定一件事的話，這種口無遮攔是可取的。因為生活和工作中，的確存在著這種緊急情況或者必須做出無法反駁的結論的情況。但這一步需要由核心人員來完成，而且他必須能百分之百維護自己的觀點。

反之，清晰表達代表著：「大家好，現在的確存在這種情況，所以我們必須先找到一個共識。」這是一種平等的表達。同時，這樣的對話有助於在交換意見的過程中，明確知道誰是「領頭羊」。使用明確表達的方式，其目的是盡可能地以某一種觀點來說服很多人，使其被吸引並參與其中。這是同理心的時刻，在一開始我已經提到了，清晰明確的發言要比口無遮攔的言語有更多的優點和更大的幫助。在企業或者團體中，用這樣一條社會共通的哲理去代替強制命令，是非常值得的。

用清晰明確的語言來表達自己的觀點，本身就包括接受提出該想法後要擔負的責任。很遺憾的是，在音樂界以及很多經濟領域中，幾乎沒有什麼清晰和負責任的發言。只有一些半真半假的「直言不諱」。這是一種自我保護。我觀察了很多人，只有少數人有勇氣捍衛自己的想法，並且在討論中保持堅定。換句話說：很多人擺出了一副「我值得相信」的樣子，假裝自己是有話直說的。如果失敗了，他們就可以退縮回去並轉而擁立與其他人相似的看法。當你不敢於為自己的觀點承擔更多的責任，也不想因為錯誤的評估而受到批評時，就不是明確的表達。

在音樂界這種行為很普遍。這對事物進一步的發展會產生很大的阻礙。有遠見者越來越少，人才越來越難以獲得支持，新人也將面臨窘境。一名歌手的第一張專輯必須是成功的，否則接下來的努力都將是白費。但事實上，一名歌手在一張失敗的專輯之後需要第二次，甚至第三次機會。所有的藝術家都要經歷這樣的發展過程。那麼，什麼會使其發展成為可能呢？就是清晰表達。時間和同理心是清晰表達的根本，這些特徵在這個快節奏的產業中已經是很罕見的了。

舉個很有說服力的例子——「摩登淘金」的故事。迪特・波倫和我能登上媒體頭版頭條是因為我們在音樂上的成功，同樣也是因為我們的商業成就。「摩登淘金」是我們的組合，我們的「寶寶」，因此，我們投入許多心力。如果我們有爭執，也並不是針對對方的個性，而是僅僅專注在「摩登淘金」上。這就好像是爭吵的父母，雙方其實是想把一切都奉獻給孩子。「摩登淘金」過去和現在的發展都是清晰明確的，我們之間的溝通也是清晰明確的，包括：目標、收益、交易、投資、勇氣和同理心。迪特・波倫和我能夠再次複出，是因為我們意識到，只有透過這樣的方式，才能避免我們的寶寶「摩登淘金」被傷害。對此，我們之間的清晰表達是從未間斷的。

清晰表達是一門藝術，其中包括要誠實和講述事實，還有，不要傷害對方。能讓其他人保全面子，沒有同理心就不可能做到。如果和夥伴交談時只會講那些虛無縹緲的內容，將會危及共同的事業。「口無遮攔地講話」只是一種在緊急狀況條件下才會發生的事，而人們應該學會在日常交流中清晰明確地發言。用清晰表達推動事物的進展。

同理心有不同的風格

湯瑪斯・安德斯是我認識的人中最具有同理心的人之一。作為團隊的一員，他會帶領著他的員工齊頭並進。一方面，他非常堅定和明確，清楚知道自己想要什麼；另一方面，他絕不會不擇手段地實現他的目標。共識和平等對他而言是不可或缺的。對我而言，湯瑪斯・安德斯是一個榜樣。若想生活得富有同理心，就必須對其他人敞開心扉，表現自己的通情達理。這樣做是為了表現真實，以及去觸及他人的心靈。

如果我新到一家企業或者剛剛結識一位管理者，我會先進行兩三個小時的交談，通常這樣有助於我對這家企業瞭解地更透徹。因為，我沒有馬上開始兜售自己的專業經驗，而是讓其他人先發言，讓他們打開心門。此外，我保持坦率的自己，直接地做出反應，並對我所聽到的內容不加過濾地吸收。

一直以來，很多德國人都認為湯瑪斯・安德斯是「摩登淘金」組合裡的扛把子，特別是超過四十歲的人群。他們談論湯瑪斯・安德斯的時候更多一些，而湯瑪斯・安德斯是這樣看待自己的：

迪特・波倫和我能登上媒體頭版頭條是因為我們在音樂上的成功，同樣也是因為我們的商業成就。「摩登淘金」是我們的組合，我們的「寶寶」，因此，我們投入許多心力。如果我們有爭執，也並不是針對對方的個性，而是僅僅專注在「摩登淘金」上。這就好像是爭吵的父母，雙方其實是想把一切都奉獻給孩子。

湯瑪斯・安德斯性格很柔和，而迪特・波倫是頭倔驢——至少看起來如此。人們會說：「很明顯的，湯瑪斯・安德斯是富有同理心的，而迪特・波倫不是。」什麼是同理心？這取決於你面對的目標人群和當時的狀況。它必須是適合於當時狀況的。

如果迪特·波倫在「尋找超級明星大賽」中對參賽者說「你的鞋像狗屎」，那麼可能的情況是，這位超級自我的十九歲年輕人受到當頭棒喝，丟開了對自己過高的評價並反思自我。有些人就是自視甚高，有時候適度的責罵對他們是有益的。只要這些責罵不超越冒犯的界限，只要它能保持在平等的程度並給予誠實的回饋，那麼這就是清晰表達。湯瑪斯·安德斯從來沒有像迪特·波倫這樣狠狠地訓斥某人，這不是他的風格。但湯瑪斯·安德斯也有他的方法來清晰地表達批評，清晰得對方可以感受到。

同理心不僅代表著理解他人，並與他們一起從事某事，而且還要找到一種適合自己的方法。

完全不同的類型可以非常好地互補。當我想到迪特·波倫和湯瑪斯·安德斯的時候，立刻就聯想到了一家連鎖企業的兩位高層領導。其中一位在說明事情時總是簡短準確，其餘時間都專注在那些困難的專案，關心數據、資料和事實。而另一位則一直尋找機會親近員工，他跑遍每一家分店，和每一個人握手，總是有時間和別人親切地交談。

對員工們而言，他倆一個是典型的管理者，而另一個則是「我們中的一員」。兩個人都清晰明確地表達——按照他們自己的風格。為了保證清晰表達，他們一個保持基本的距離，另一個則盡可能地靠近。在管理層中他們完美地互補。

兩個人也都是有同理心的。儘管一位管理者保持著更多的距離，但他仍舊是清晰表達而非口無遮攔。我完全同意湯瑪斯・安德斯的那段話：口無遮攔不是有話直說，因為口無遮攔代表每個人都要聽我的命令。你只有在緊急情況下才需要這麼做，例如在戰爭中下達指令。在緊急情況中，如果有人能堅持強硬路線，這是好事。

結論

清晰明確地發言，真誠地平等對待他人，就必須有同理心。同理心代表瞭解別人發生了什麼，參與到對方的情況當中，並且不能越過冒犯的界限。在平等的情況下，清晰表達有別於口無遮攔。口無遮攔是過分激烈的言辭，是居高臨下的，充其量也只是在緊急情況下一種不得已的手段。在一般情形下，就不要口無遮攔了，因為它一定會伴隨著責怪，而這樣不會產生任何積極的效果。

第九章

透過清晰表達來制定戰略

清晰表達是做出決定和制定戰略的基礎，它可以產生解決方案，引導出新的想法，並提供新的視角。

清晰表達是一種為決定而準備的戰略。

——多明尼克・穆特勒

企業裡總是會面臨各種選擇：實行還是放棄？A、B還是選C？投資還是不投資？聘用還是解雇？創新還是保持現狀？

每一個決定只有以清晰表達為前提才是足夠好的。清晰表達是做出決定和制定戰略的基礎，它可以產生解決方案，引導出新的想法，並提供新的視角。沒有清晰表達的決定，將缺少明確的觀點。因此，清晰表達是一種為決定而準備的戰略。

讀到這裡，你也許已經發現，本書中出現的關於清晰表達這個主題的例子，大都涉及某些需要立刻做決定的狀況，有採取行動的迫切需要。我建議你將其中一些例子牢牢記住：

面臨倒閉的歐寶汽車：也許幾年前通用汽車就已經考慮關閉歐寶汽車位於波鴻的工廠。然而當歐寶的困境迫在眉睫時，這個議題才被真正地放到檯面上來。

過時的軟體：問題是緩慢醞釀出來的。並不是因為超過了交貨時限而使這款軟體失去了用處，而是因為越來越多的人的工作過程變得糟糕，甚至不知何時才可以完成工作。

糟糕的作品：程式設計師，繪圖設計師或者建築師交出了一堆廢品。但這究竟是怎麼發生的？誰選擇的合作夥伴？誰下達的指令？又制定了哪些目標？

太陽能設備市場不景氣：太陽能設備的製造商在數年裡都運作得超級良好，但接下來市場敗落了。首先沒有人想要說出事實，只有當迫在眉睫的時候，才開始清晰明確地發言。

新的規則：以前人們獲取任何內容幾乎都要花錢——因為內容必須印刷出來。結果突然間，在網路上所有的東西都免費了，透過搜尋引擎你可以找到任何感興趣的內容。報紙出版業現在應該做些什麼？

透過這些例子你將看到：你所處理的所有事大部分處在營運層

面，而很少在戰略層面。

與營運相關的問題，清晰表達是必需的，且能迅速產生效果：瞭解問題，主動清晰明確地表達並要求其他人也這麼做，一起尋求解決方案，進而實行。這是針對日常業務中問題發生時，清晰表達所扮演的角色。清晰明確的表達在這裡開啟了大門。

但這並不是清晰表達在企業中的全部作用，它也會在戰略層面上產生效果，只是產生效果的過程會很緩慢。此外，大多數企業只將清晰表達運用在營運層面。很多企業中長期的戰略計畫也只是個模糊不清的概念。倘若人們完全致力於戰略發展，那對各方面都有好處的。

我所認識的一些企業家被日常業務耗費了全部精力。戰略？啊，我們必須找一個週末來談論這個事情，但今年是不可能了，所有的日程都排滿了。當營運出現狀況時才會產生一個觸發點，戰略性的主題才會被拿出來討論，當然這時已經太遲了。

戰略性的主題需要透過清晰表達來為長期的決策做準備。

現在大多數企業僅僅在面臨抉擇的時候才會有話直說。越是接近光源，人們才越能更好地看清真相。而離得越遠，人們就越是沒有興趣去關心。

專心從事於能延續至未來的某些事的人，謂之戰略家。每個企業都需要戰略家。每一位戰略家都應該清晰明確地表達，並要求其他人也這麼做。

一家能夠做到清晰表達的企業，任何時候都是將此作為企業文化的。在逆境中如此，在順境中也是同樣的，哪怕是在極為順利的時候。即使是火燒屁股的時候，也要首先將它放在視線可及的地方。

任何人都可以是清晰表達的類型。沒有人天生就如此，但可以訓練自己去清晰表達。

越是良好的盈利狀況，就越是難以將清晰表達作為企業中的戰略行為。這是最艱難的挑戰，在順境時就要開始！

蘋果的創新精神已死

注意，現在蘋果的例子來了！商管類書籍很樂於收錄一個關於蘋果的酷酷的故事，或者史蒂夫・賈伯斯生活中的一條軼聞。我不想表現得苛刻，但舉蘋果的範例是為了說明什麼？當然為了說明成功。在歷史上有任何一家企業累積過這麼多資金嗎？在二〇一三年，蘋果公司有超過三分之一的市值是以現金的方式存在於銀行帳戶之中的，總計大約一千五百億美元。這太瘋狂了！同時，蘋果這個品牌閃耀著前所未有的光輝。Interbrand和凱度（Kantar Millward Brown）這兩家國際知名市場研究單位，每年都會公布國際品牌榜單。這兩家的名單幾乎從未一致過，卻在二〇一三年一致認定蘋果是無可爭議的第一名。

到二〇〇七年為止，蘋果這個品牌還籍籍無名。也許你還記得，在二〇〇七年秋天，第一代蘋果手機面世了。二〇〇八年，蘋果在凱度的世界最有價值品牌排行榜已上升至第八位，在二〇一一年奪得第一位。在 Interbrand 的榜單上，蘋果進展也很快：二〇一一年排名第八，二〇一二年上升至第二名，二〇一三年成為第一名。還有比這個品牌更成功更驚人的例子嗎？

但在這邊我並不想分析蘋果成功的原因——這很無聊。很多人都嘗試過，而至今沒有人能說出有說服力的內容。

我想說的，是在蘋果瘋狂成功的制高點背後所產生的問題：蘋果所仰仗的創新精神，已經死了。

二〇一三年，蘋果在業務經營上打破了一個又一個的紀錄，可是賈伯斯去世以後，有過什麼針對未來的戰略嗎？

蘋果手機是對現有技術的一種創新組合，同時這也是蘋果公司最近一次真正的創新。在 iPad 之前已經有平板電腦出現了，只是沒有人喜歡。蘋果以其巨大的品牌效應協助平板電腦產生突破，並開拓了一個前所未有的市場。必須有人先這樣做，但這與創新無關。

早在二〇一三年，人們就可以預見到今後移動終端（Mobile

Terminal）市場的持續性分化。在平板電腦領域，很多品牌也都在涉足。總是有更多針對所有領域的應用軟體被層出不窮地開發出來，這一點蘋果也不是獨一無二的。音樂和電影的串流媒體市場也有很多其他的企業在做。那麼電子書呢？亞馬遜公司做得更好。二〇一五年我們迎來了蘋果手錶，但這能算是創新嗎？據說蘋果現在正在考慮非常新的一項數位服務，讓我們拭目以待。

蘋果這個例子說明什麼？說明在成功將要從身邊溜走之前，我們就需要清晰表達。

在蘋果公司內部，人們很早就知道賈伯斯生病了。而且即使沒有嚴重的疾病，也沒有人能永遠地活著。如果所有的創新都只依賴於一個人，是遠遠不夠的，何況這個人隨時可能江郎才盡，有些天才的企業家就會有突然厭倦，或者變得瘋瘋癲癲的情況，就像李奧納多・狄卡皮奧在電影《神鬼玩家》（*The Aviator*）中所飾演的美國傳奇企業家霍華・休斯（Howard Hughes）那樣。

蘋果在二〇一三年以前就應該經常自問：未來我們將往哪裡去？當耗盡了所有天才的想法之後，我們該做些什麼？面對暴風驟雨，我們要投入所有的資金來應對嗎？這些問題只有清晰明確的表達才能得到答案，但我懷疑蘋果公司是否有清晰明確地表達的習慣。

在順境中也要清晰明確地表達

讓我們先把蘋果放在一邊。我知道很多運轉順利的德國中小型企業，無論它們現在有一萬名還是一千名員工，都面臨著同樣的挑戰：需要清晰表達來應對眼前的成功。清晰表達是達到目的的手段，使企業能夠實現長期的戰略目標。企業發展最終總是會產生一個問題：我們要走向哪裡？方法是什麼？清晰明確地表達可以引導出答案。

在順境中清晰地表達——這代表著什麼？我們再回顧一次清晰表達的五項原則：

1. 明確

俗話說：「成功使人盲目。」恰恰有些蓬勃發展的企業經常會忽視這些：市場的變化、下一次的創新飛躍、框架條件的變化。成功就像毒品，而沉迷毒品的後果是：狹隘的視野、短視、扭曲的看法、狂妄自大。越是面對偉大的成功，企業中人們對於危機的準備也就越發重要。IKEA 就有這麼一批人。IKEA 從一九七〇年代起不斷成長，時至今日收益已達到三十億歐元。即使在股市繁榮的高峰期也從未上市。IKEA 創始人英格瓦・坎普拉（Ingvar Kamprad）是這樣說的：「我已決定，IKEA 絕對不會上市。我知道，只有把眼光放遠，才能保障我們的成長計畫。」

這就是明確。現在 IKEA 屬於荷蘭 Interogo 基金會，並且運轉良好。

2. 誠實

說實話，在順境中誠實地對待自己和他人，不是那麼容易。目前看起來，德國經濟大體上還是讓人滿意的。但如果我們誠實一些，就會意識到，危機不會突然消失：專業人才短缺、過度依賴出口、歐洲南部疲軟的經濟，等等。同時還有新的危機將要到來，例如即將發生的房地產泡沫化。保持誠實，即使眾人皆醉我獨醒。但在家庭和朋友圈中，要慎用。

我的一位女性朋友最近剛剛陷入戀愛，看所有的東西都是透過一層名為「愛情玫瑰」的有色眼鏡。對此我的評論是：「我認為你們不適合。」這是我真實的想法。幾個月後她和男朋友分手了。朋友圈中的其他人開始表達「同樣的看法」，認為他們不適合。但他們卻沒有在一開始就對這位女性朋友明確地說出來。他們是對的，在這種問題上，如果像我一樣耿直的話，友誼的小船說翻就翻。

3. 勇氣

當大多數人都有不同的想法，以及一切情況良好的時候，若想維護自己的觀點，需要的不只是誠實，還有全部的勇氣。這種勇氣並不是每個人都能擁有，湯瑪斯・安德斯已經很清楚地說明了：

我觀察了很多人，只有少數人有勇氣捍衛自己的想法，並且在討論中保持堅定。換句話說：很多人擺出了一副「我值得相信」的樣子，假裝自己是有話直說的。如果失敗了，他們就可以退縮回去並轉而擁立與其他人相似的看法。

企業在順境中需要的不只是經營者，而是面對一切都充滿勇氣的戰略家。這種人不只要有清醒的頭腦，保持批判性和誠實，還要有勇氣面對未來的風險。這種人充滿個性，他們能笑看一切，因為他們知道，其他人還沒有那麼長遠的眼光。

4.責任

在逆境中，很多人對於企業的責任感來自於對失去工作的恐懼。理想的雇主無論如何都會保證員工和管理層的責任心。阿爾諾・岑森與他的賽車團隊，保時捷公司以及谷歌公司——這些都是少數真正擁有熱情員工的企業。如果一個企業運轉得非常良好，裡頭的員工卻沒有熱情，後果將是災難性的。也許這份工作不是世界上最吸引人的，但良好的工作狀況會保障員工有一份可觀的收入。舒適的企業是一個安全區、安樂窩。在這裡所有人都很開心，一切都順利地運行。但是，要想這一切在未來也能繼續，就需要一位戰略家，來解決未來發展方向的重大問題。在德國還有很多的企業家，只是偶爾去公司看一眼，將公司事務放手交給管理人員，自己跑去玩帆船或者打高爾夫球。在順境中缺失的責任感，將會在逆境來臨的時候造成惡果。

5. 同理心

誰會喜歡在其他人的湯裡吐口水呢？在順境的時候有人直截了當地指出問題，那麼他就會被視為是個愛掃興的人。這個話題我在前文中已經提到過了。那些在順境中想要擁有長遠戰略以應對未來的人，應該多多考慮這些問題：是什麼使我們良好運作到現在？面對未來我們還需要些什麼？在成功的時候，我必須始終對促使我們達到成功的因素保持尊重。我必須承認貢獻出自己力量的那些人的功績。我談論危機，是因為我想要聽到問題的答案，我想要知道應該如何繼續進行下去。這樣做從不是為了破壞人們的成果，而是為了在成功中繼續批判性地進行反思，不被安逸的環境沖昏了頭腦。

我知道一個堅持在順境中也要清晰明確表達的人，那就是西班牙足球明星佩普・瓜迪歐拉（Pep Guardiola）。

時間回到二〇一三年，從拜仁慕尼黑隊的「好日子」開始說起，當時這支球隊成為德國第一支三冠王球隊、國際足總俱樂部世界盃

（FIFA Club World Cup）冠軍。這是一個幾乎無法超越的成功和一場球迷們的歡慶會。不過瓜迪歐拉在這片勝利的歡呼聲中保持得極為冷靜。他說出了一些在當時沒有人想要聽到的話：「如果我們不預先做好準備，那麼在世界盃之後我們就會出現問題。」

幾乎沒有人同意瓜迪歐拉的懷疑。但這位主帥沒有因此而卻步，仍舊進行著準備，這就是拜仁慕尼黑隊可以在二〇一四至二〇一五年德國甲級足球聯賽中如此迅速地成為榜首的原因。瓜迪歐拉在順境中也保持清晰明確的發言，並據此採取行動。當有人處於成功的頂峰時，仍舊有勇氣直截了當地發表觀點的時候，我會稱其為「瓜迪歐拉原則」。

清晰明確地表達是制定戰略的基礎

透過清晰表達來建立戰略，這代表著：無所謂處於什麼樣的狀況，只要保持清晰明確即可。不管是在營運層面還是戰略層面，不管是順境中或者逆境中。清晰表達都會首先確保日常業務更好地運行。這並不只是指業務流程層面的，同樣也包括人際關係層面。清晰表達會保證員工們在日常運作中能夠更加快樂，更加輕鬆。的確，有時候有話直說會造成傷害，但它僅僅會造成短期的傷害，卻會在看不到的地方繼續醞釀著成功的機會。

舉個例子：一家頗有經驗的平面設計工作室要為一家規模比較小的電力供應商製作一本宣傳手冊。由客人提供文字內容，由平面設計師將其設計成冊，這是正常的任務分配方式。但設計工作室從電力供應商那裡得到的文字檔卻充滿了文字性的錯誤。對此，設計師非常生氣。他該怎麼辦呢？自己動手糾正這些錯誤？

這家工作室是追求清晰明確戰略的，他們不怕與客戶產生對峙，哪怕是最重要的客戶。他們打電話告訴客戶：「這可不行。我們需要語句完整，經過校閱的文本。」短暫的激動之後，客戶回答：「我們認為，這項工作應該由你完成，不然我們為什麼要付錢給你？」而這家工作室一再重申他們的觀點：「我們是設計師而不是審稿員，請你將語句通順，沒有錯誤的文本發送給我們。」

最終客戶同意了。他們聯絡了一位審稿人，並將修正後的文稿發送了過來。這本手冊最終的成品非常好，所有人都很開心，之前的不愉快也都被忘記了。如果當初設計師咬牙切齒地修改了文本，那麼就會留下不滿的情緒，甚至創造力也可能會受到糟糕情緒的影響。而如果設計師只是簡單地用帶著錯誤的初稿製作手冊，然後交給了客人，那麼衝突也許會升級。還好這一切沒有發生。簡單地、清晰明確地去表達，最終一切安好，所有人都開心。

如果清晰表達在日常業務中成為理所當然的，那麼它就可以進入到長期的戰略之中。例如在產品創新中：一家擁有 B2C 業務的設備製造商，需要花上兩年時間來說服客戶，在新的產品線上使用新的設計嗎？絕對不能，有些議題必須盡快確定下來。

一家企業良好運行了很久，現在想要做出某些改變。他們在市場、部門和技術上有所變動，從銷售額上已經可以看出變化，但效果還並不明顯。現在還有一些人簡單地繼續貫徹之前延續下來的做法，他們的口號是：就先這樣吧。

在這種情況下，就是清晰表達的出場時間了。這幾乎是個必然的選擇，變革往往都是簡單地開始實行，持續一段時間，最終又停了下來。但其實企業應該有一個針對性的決定，一個所有人都能明白的方法。在小型企業中往往更容易遇到這種狀況。例如一家零售業的老闆，也許他已經上了年紀卻找不到合適的接班人。他在六十歲的時候宣布：「夥計們，從現在開始我會再幹五年，然後關閉公司。你們好好想想，關心一下自己的未來。」這是清晰的表達。

如果狀況變得更加糟糕，但公司還想繼續生存下去，就需要明確的決定。怎樣做才能帶來轉變？為此又需要付出什麼？很多人還總是相信，面對危機他們已有了足夠的資金儲備。這些人只知道儲備，此外什麼都不做，最終會發現這些儲備在危機中會迅速耗光。我知道有些公司，他們必須基於變化的市場情況迅速節約出一百萬歐元，但同時又必須再拿出一百萬歐元用於改變現狀。所以實際上是需要準備兩百萬歐元。面對困難你也只能加倍努力地和員工們溝通，這時候只有清晰表達才能起作用。

最後的階段我在本章中已經詳細講解了：一切都進行得很順利，雖然前途未卜。對於未來，我們無法預測，所以我必須始終做好面對風險的準備。同時，如果所有人只關注在日常業務上，那麼機會就會被遺忘。例如，新的產品和服務可以完美地與某些商業模式相融合，但若你沒抓住這個機會，那它就會選擇別人。譬如在德國的傳統送貨到府模式中，除了奧托集團（Otto Group），其他的都瀕臨破產，因為他們任憑電子商務模式的領軍者——亞馬遜公司走在了前列，但亞馬遜並不是孤身一人，同時走在前列的還有它的很多小型市場合作夥伴。這些小經營商很多不只是將亞馬遜看作競爭對手，而是也利用起了「亞馬遜市場」這個開放式平臺的機會。所以它們能毫不費力地打開一個網路銷售管道，而其他人還在思考如何能保護自己免受亞馬遜的衝擊。

在最後階段至少應該還有一個問題：我們要走向哪裡？我們的目標是什麼？一家有著明確目標的企業才有機會，成為其經營領域的市場領導者，但對於目標的決定不會從天而降，也不會出自於那些狂妄自大的企業領導者之口，不會是：「那個，夥計們，接下來我們會成為市場領導者，明白了嗎？」「是啊是啊，英明的老闆，我們會的，可以下班了吧！」不，不是這樣的。要想成為市場領導者，取決於企業對於情況所做的反應與明確表達的結果。一個有意識的決定代表著可以和其他人開誠布公地交談，想成為某一領域的市場領導者，自家企業還有哪些缺點。

在持續改變的市場中，關於這些決定的要求會非常高。假定眼下面對的是汽車市場，這個市場在接下來的幾年間會有著極大的改變，這是顯而易見的。但究竟如何改變？就目前所有情況看來，也許會向著電動汽車的方向發展，而另一個趨勢則是自動駕駛。從技術上來看，很久以前電腦就可以掌控方向盤了。車輛加速、剎車、發出指令信號和獨立駕駛——不需要駕駛員操控。戴姆勒公司（Daimler AG）已於二〇一三年成功讓一輛賓士S級轎車從曼海姆(Mannheim)到佛茨海姆（Pforzheim）自主行駛了約一百公里，這次測試是在日常的交通狀況中，且沒有對方向盤進行任何操控。人們可以在網路上找到這次駕駛的影片。

問題是，什麼是客戶們在未來想要的？他想要駕駛電動的交通工具？還是他完全想要自己駕駛，享受駕駛樂趣？或者他想要由電腦來駕駛？或者這樣，還是那樣？德國汽車製造業曾經在很多年裡都是世界最棒的，特別是高端品牌，奧迪、寶馬、賓士和保時捷都在全世界有著巨大的聲望。這是日本人、韓國人或者法國人無法企及的。在最好的那幾年中，德國製造商收購了相當多國外高端品牌：勞斯萊斯被併入寶馬，賓利被收入大眾，藍寶堅尼被收入奧迪。只有捷豹

（Jaguar）被印度人抓走，而富豪（Volvo）被賣給了中國人。

若未來掀起電動汽車的熱潮，那麼德國並不一定有優勢。美國、日本和法國在這方面遙遙領先。來自美國的特斯拉（Tesla）製造了以電力驅動的極致豪華汽車，這大大出乎了德國人的意料。雪佛蘭（Chevrolet）、東風日產（Nissan）和雷諾（Renault）也都有著相當程度的開發。但一切都還尚未確定，電動汽車不一定真的會勝利，或者也許還會有氫氣燃料汽車誕生。如果在這種不明朗的狀況下制訂一個戰略，那麼就需要清晰的表達。

我在這本書中已經展示了清晰表達是如何起作用的。最重要的是五項原則：明確、誠實、勇氣、責任和同理心。在接下來的內容中我會列舉些例子，看看當五項原則之一沒有被重視的時候會發生什麼。

結論

每家企業都需要決策，清晰表達是制定決策的基礎。沒有清晰表達就會缺少決策。那些透過清晰表達來制定戰略的人，無時無刻都要留意這個堅實基礎。清晰表達對所有狀況都是有幫助的。在營運問題上它必須迅速地產生效果，而在戰略層面上往往會緩慢得多。當一切都運行良好的時候，明確的表達卻被視為干擾的話，這將會是一個巨大的危險。恰恰在順境中人們才需要批判性地質疑一切。

五項原則缺一不可

如果五項清晰表達的原則缺少了一項，就很難做到清晰表達。在接下來的內容中，你會看到涉及明確、誠實、勇氣、責任和同理心這幾個原則的小故事。

我特地選擇日常生活中的例子，每個人都會經歷到，與職業角色無關。

如果缺乏「明確」

一對夫婦在餐廳裡：他們一直在爭吵——首先是關於選擇的座位，然後是因為選的紅酒，然後因為孩子，然後因為工作，最後女方提起了很久以前男方的一次外遇。

男人問：「妳想要離婚嗎？」

女人回答：「我不知道。」

如果婚姻或者長期的關係產生分歧，那麼就一定要避免缺乏清晰明確的溝通。如果無法明確地知道對方想要的是什麼，就做不到明確地交流。

明確

誠實

勇氣

責任

同理心

如果缺乏「誠實」

十個朋友被邀請參加一個生日聚會，他們決定一起送一份禮物。其中一個人負責買禮物，再跟其他人結算費用。所有人都匯款了，只有一個人除外。於是負責人追問他那筆錢的狀況。

這個人回答說：「上周我就已經轉帳給你了，你應該早就收到了啊。」

經過一連串的調查和詢問，那筆錢終於轉進了帳戶。之前所謂的已經轉帳只是個藉口，為了拖延些時間。

如果所有人都能一直保持誠實，可以避免多少麻煩啊！不誠實就不可能建立明確的表達，因為所有的討論都是基於錯誤的設想之上。

明確

誠實

勇氣

責任

同理心

如果缺乏「勇氣」

一個寒冷的冬夜，健身中心的蒸氣室裡坐滿了人。所有人都想要暢快淋漓地出一身大汗。其中有兩個人也在享受著服務，同時用非常大的聲音高談闊論著。其他人對此很不滿，不停地來回揮動著他們的毛巾以表示厭煩，但沒有人說什麼。

只有一個人在走出來以後說了一句：「為什麼蒸氣室裡那兩個人不能把嘴閉上？」

當面發言代替背後談論，其實不難。這裡不缺少明確度、責任感或者同理心，但缺少了當面跟那兩人說明他們的行為是如何影響了其他人的勇氣。

明確

誠實

勇氣

責任

同理心

如果缺乏「責任」

一場有很多客人的聚會上，人們三五成群地聚在一起。其中有一個人幾乎誰也不認識。還不錯的是，他終於找到了一個小圈子。

「你們知道我們的生態青蛙池塘是如何建造的嗎？」一位女士開始解釋，「它是這樣……」

那位新加入的客人呢？保持沉默。是因為他害羞和缺乏勇氣，沒有自信來發表他的想法？不是的！是因為這個話題跟他沒有關係，他不用對這個話題有什麼責任感，青蛙等兩棲動物無法引起他的興趣。

如果某人完全不需要擁立某個觀點，那麼就有可能對某個主題毫不關心。在這種情況下，就別指望能從這個人嘴裡得到什麼明確的看法。

明確

誠實

勇氣

責任

同理心

如果缺乏「同理心」

一個住宅社區裡，所有人都會主動打掃自家房子前的環境衛生，除了穆勒先生。他從來不這樣做。有一天，他的鄰居忍耐不住了。

他隔著籬笆對著穆勒先生大喊：「你給我把那些垃圾清理乾淨！」這種表達方式少了同理心，是口無遮攔的發言而不是明確的表達。這個人只是在訓斥穆勒先生，這種方式幾乎起不到任何作用，只會引發激烈的爭吵，而不會達到目的。

明確的表達總是充滿同理心的。

明確

誠實

勇氣

責任

~~同理心~~

測試：你是一個清晰表達類型的人嗎？

- □ 如果有人批評我，我會想知道原因是什麼。（＋）
- □ 我喜歡在小組中發言，並且不介意有人反駁我。（＋）
- □ 在會議中我喜歡先聽取發言，藉此彙整各種意見。（－）
- □ 我經常擔心我的想法是否會確實影響其他人。（－）
- □ 對一個議題，通常我會馬上提出意見，別人說什麼我都無所謂。（－）
- □ 如果不能當下立即應允某件事，我會提供給予答覆的確切時間點。（＋）
- □ 大多時候我是誠實的，但如果想要在商業活動中達到目標，就不能總是誠實。（－）
- □ 如果不能赴約，我會馬上告知對方，而不是等到最後一分鐘。（＋）

□我如何看待自己，就如何看待我的同事、員工和朋友，一視同仁。（＋）

□如果有人想跟我買東西，即使我根本不想賣，我也會說我需要考慮一下。（－）

□有時候有人會覺得我的發言是在故意挑釁，但我知道我關注的是事情本身。（＋）

□在面對困難的問題或處在危機中的時候，我會加重語氣，對其他參與者說出些口無遮攔的話。（－）

□越是困難的決定，我就越是想要在決定前，更多地思考。（＋）

□我可能需要對他人三番兩次地解釋某件事的原委，他們才能理解。（－）

□當有人問我一個專業性的問題，我會先跟他解釋大局的整體情況。（－）

□在一場討論中，我認為提出正確的問題，比馬上得到一個答案更

重要。（+）

☐如果我是老闆，我就有權利去貫徹我的想法。（－）

☐時不時遇到尷尬的情況是我生活的一部分，但我會很快忘掉。（+）

☐我知道無論是在工作還是家庭生活中，人們都必須經常進行明確的溝通。（+）

☐面對突發問題的時候我會發火，討論演變成爭吵。（－）

☐在危機發生的時候，我會是那個開始行動並向相關人等發送信號的人。（+）

☐當我在某方面取得巨大成功的時候，我已經在開始思考，一旦成功開始消退，我要做些什麼。（+）

☐我總是和家人或親近的朋友討論我的問題，這對我來說很重要。（+）

☐如果我只是猜想，還未對一個主題形成觀點的時候，我會避免發

表評論。（＋）

□我很重視我的專業能力，並確保不會被人質疑，因為這會損害我的名譽。（－）

□在職業生涯中，我希望自己在某些任務中是不可或缺的，這樣就沒有人可以繞開我執行。（－）

□如果我的員工或同事對某個主題的想法還不夠成熟，我會推遲進行，而不是強加在他們頭上。（＋）

□對我而言，真正的誠實是將我剛剛所想的全部說出來。（－）

□商業上的成功會使我感到困難和有壓力，有時我還會感到害怕。（－）

□對於那些我不關心的問題，不必產生什麼想法意見。（＋）

□我贊成言論自由，但必須尊重不同的文化且不會讓自己陷入嚴重的危機。（＋）

□只要薪水夠好，我願意從事一份無聊的工作並和我無法容忍的人

共事。（－）

□ 如果我發現問題，但不屬於我的工作範圍，我就不管。（－）

□ 我表達負面批評的時候原則上是有同理心的，這樣可以使那些被批評的人容易接受。（＋）

評估結果

清晰表達的數目（＋）＿＿＿＿

逃避清晰表達的數目（－）＿＿＿＿

逃避清晰表達較多或者與清晰明確表達的數目相等

你還無法清晰表達。不過好消息是，清晰表達是可以學會的。許多成功的領導人會訓練自己清晰表達的能力。在本書中你能找到很多具體的提示和建議，借此你可以一步步地習慣於清晰表達。

清晰表達多於逃避清晰表達1～11項

你知道要尊重清晰表達，而且你已經找到一個良好的方法。然而在某些特別的情況下你會回避清晰表達，或者當危機已經發生，你才會有話直說。透過本書提到的清晰表達原則與諸多範例，你將學會如何時時刻刻清晰明確地表達。

清晰表達多於逃避清晰表達至少12項

毫無疑問地，你是一位直言不諱、清晰表達類型的人。你擁有經過深思熟慮的觀點。人們可以透過你，瞭解到自己的位置。這本書能幫助你進一步將清晰表達用來建立企業戰略，以及告訴你如何激勵其他人也做到清晰表達。

國家圖書館出版品預行編目（CIP）資料

職場裡為什麼不能有話直說:清晰表達的五個原則/多明尼克・穆特勒（Dominic Multerer）著;李瑋譯.二版.新北市:日出出版:大雁出版基地發行,2024.03
256 面;14.8x20.9 公分
譯自: Klartext : sagen, was sache ist. machen, was weiterbringt
ISBN 978-626-7382-94-3 (平裝)

1.CST: 職場成功法 2.CST: 溝通技巧

494.35 113002275

職場裡為什麼不能有話直說？(二版)
清晰表達的五個原則

Klartext: Sagen, was Sache ist. Machen, was weiterbringt
by Dominic Multerer

Published in its Original Edition with the title
Klartext: Sagen, was Sache ist. Machen, was weiterbringt.
Author: Dominic Multerer
By GABAL Verlag GmbH

作　　者　多明尼克・穆特勒（Dominic Multerer）
譯　　者　李瑋
責任編輯　李明瑾
封面設計　Dinner Illustration
發 行 人　蘇拾平
總 編 輯　蘇拾平
副總編輯　王辰元
資深主編　夏于翔
主　　編　李明瑾
行　　銷　廖倚萱
業　　務　王綬晨、邱紹溢、劉文雅
出　　版　日出出版
發　　行　大雁出版基地
新北市新店區北新路三段207-3號5樓
電話（02）8913-1005　傳真：（02）8913-1056
劃撥帳號：19983379　戶名：大雁文化事業股份有限公司
二版一刷　2024 年 3 月
定　　價　420 元

I S B N　978-626-7382-94-3